OBS Studio
対応版

JN029926

# YouTube
# ライブ配信
# 大全

YouTube Live Streaming
Compendium

リンクアップ：著
株式会社アバンク：監修

# 本書の使い方

本書の各セクションでは、画面を使った操作の手順を追うだけで、YouTubeのライブ配信の操作の流れがわかるようになっています。
操作の流れに番号をつけて示すことで、操作手順を追いやすくしてあります。

セクション名で、具体的な内容を示しています。

セクションという単位で、内容を順番に解説しています。

セクションの解説内容のまとめを表しています。

操作や解説の内容をあらわす見出しです。

## 36 OBS Studioを ダウンロードする

本章では、エンコーダソフト「OBS Studio」を使ってライブ配信を行う方法を解説していきます。まずは、公式サイトからOBS Studioをダウンロードします。

### OBS Studioをダウンロードする

OBS Studioは高機能なライブ配信ソフトウェアであり、誰でも無料で入手し、使用することができます。インストール前に以下のポイントに留意してください。

まず、OBS Studioは信頼できるソースからダウンロードしてください。また、必要なシステム要件を確認し、自分のPCがそれを満たしていることを確認してください。OBS Studioは通常、多くのCPUとメモリを必要とします。

インストール中には、必要なコンポーネントがすべてインストールされていることを確認してください。インストールが完了したら、OBS Studioを起動して動作を確認し、必要に応じて設定を調整します。

以上の注意点をしっかりと確認し、安全かつ円滑なインストールを行ってください。

❶WebブラウザでOBS公式サイト（https://obsproject.com/ja）にアクセスします。利用しているOSのボタンをクリックして、インストーラーをダウンロードします。

①大きな画面で該当個所がよくわかるようになっています
②薄くてやわらかい上質な紙を使っているので、開いたら閉じにくい書籍になっています
③読者が抱く小さな疑問を予測して、できるだけていねいに解説しています

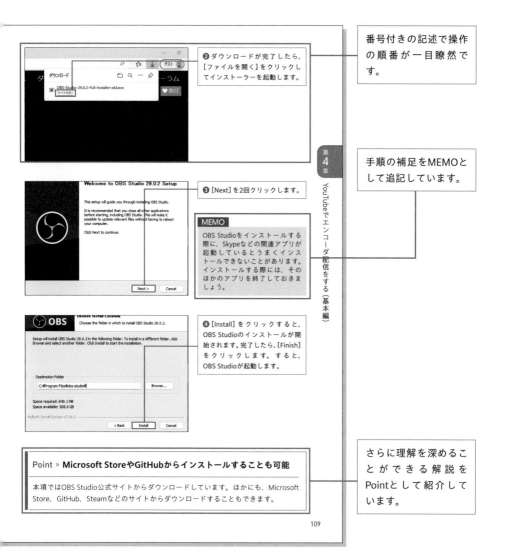

番号付きの記述で操作の順番が一目瞭然です。

❷ダウンロードが完了したら、[ファイルを開く]をクリックしてインストーラーを起動します。

手順の補足をMEMOとして追記しています。

❸[Next]を2回クリックします。

MEMO

OBS Studioをインストールする際に、Skypeなどの関連アプリが起動しているとうまくインストールできないことがあります。インストールする際には、そのほかのアプリを終了しておきましょう。

❹[Install]をクリックすると、OBS Studioのインストールが開始されます。完了したら、[Finish]をクリックします。すると、OBS Studioが起動します。

さらに理解を深めることができる解説をPointとして紹介しています。

Point » **Microsoft StoreやGitHubからインストールすることも可能**

本項ではOBS Studio公式サイトからダウンロードしています。ほかにも、Microsoft Store、GitHub、Steamなどのサイトからダウンロードすることもできます。

第4章 YouTubeでエンコーダ配信をする（基本編）

# 目次

第2章
## YouTubeライブ配信の準備をする

第3章 YouTubeで
Webカメラ配信をする

# Contents

第4章 **YouTubeで エンコーダ配信をする** 基本編

第5章 **YouTubeで
エンコーダ配信をする** 応用編

# Contents

第7章 **YouTubeで ゲーム実況をする**

# Contents

第 **8** 章  **YouTubeで
VTuber配信をする**

## 付録1  ライブ配信Q&A

# Contents

# 序章

YouTubeライブ配信の
活用事例

# 序章　YouTubeライブ配信の活用事例

YouTubeライブ配信はビジネスや個人を問わず、さまざまな場面で活用されています。ここでは、YouTubeライブ配信の代表的な事例を確認しましょう。

## トークライブ

　YouTubeライブ配信は、ビジネスにおいて有用なツールです。その中でもトークライブの形式は、講演やディスカッションなどのコンテンツをリアルタイムで配信することで視聴者とのつながりを深めることができるため、ビジネスにおける有用なコミュニケーションツールとして活用されています。

　トークライブの最大の魅力は、リアルタイムのコミュニケーションです。視聴者からのコメントや質問に直接答えることでコミュニケーションが生まれやすく、視聴者との信頼関係を築くことができます。また、配信後にはアーカイブ化してあとから見返すことも可能です。これにより、より多くの人に自分たちのコンテンツを見てもらうことができます。

## ウェビナー（オンラインセミナー）

　YouTubeライブ配信を活用したウェビナーは、オンラインでのセミナー開催が一般的になった現代において、学習や宣伝の分野で幅広く利用されています。

　ライブ配信によるウェビナーの利点として、参加者が自宅やオフィスから参加できるため、移動時間や交通費を節約することができます。また、配信後にはアーカイブが残るため、あとから見返すことで復習や確認ができます。さらに、参加者とのやり取りも、チャット機能を利用することでスムーズに行うことができます。

　ウェビナーの利用には、講演会やセミナーなど、多くの可能性があります。また、参加者の質問や感想を収集することで、企業の課題解決に役立てることができます。

## 交流会

　YouTubeライブ配信を利用したオンラインでの交流会は、地理的な制約を超えて人々が交流することができます。

　ライブ配信による交流会の利点として、まず、場所を問わずに参加できることが挙げられます。直接顔を合わせることが難しい場合でも、オンライン上で交流ができるため、コミュニケーションの場を広げることができます。

　交流会には、多くの可能性があります。たとえば、同業者や業界関係者との交流会、ファンやユーザーとの交流会、コミュニティ活動など、目的に合わせて利用することができます。また、チャット機能を利用することで、参加者どうしの交流や質問・意見のやり取りができます。

　一方で、YouTubeライブ配信を利用した交流会のデメリットとして、適切なモデレーションがないことや、質問や意見の混乱が起こることが挙げられます。またプライバシーの問題もあり、参加者が意図せず個人情報を漏らしてしまう可能性もあります。それでも、適切なルールを設け、参加者や主催者が責任を持って運営を行うことで、有意義な交流を促すことができます。

# 製品紹介イベント

　YouTubeライブ配信を活用した製品紹介イベントは、多くの企業で実施されています。オンライン上で商品を宣伝することができるため、地理的な制約を超えて多くの視聴者に向けたプロモーションが可能になります。

　ライブ配信による製品紹介イベントのメリットとして、まず、時間と場所に縛られずに参加できることが挙げられます。また、視聴者からの質問やコメントにリアルタイムで応えることで、より親密なコミュニケーションを築くことができます。

　一方、YouTubeライブ配信を利用した製品紹介のデメリットとしては、視聴者の広告に対する対抗意識が強くなっていることが挙げられます。また、製品紹介だけに特化してしまうと、視聴者が飽きてしまう可能性があります。さらに、製品を批判的に見る視聴者が増えているため、製品の評価が低くなってしまう可能性もあります。

　また、製品紹介イベントにおいては、実際に商品を手に取り、触れてみることができません。そのため、映像や音声の工夫やプレゼンテーションの質が重要となります。

# 会社説明会

　YouTubeライブ配信を利用した会社説明会により、企業は世界に向けて説明会を開催し、コスト削減や広報効果の向上を図ることができます。リモートでも参加しやすい環境を提供し、多くの人々に情報を発信できるメリットがあります。チャット機能や質疑応答機能を活用することで、参加者からの質問にリアルタイムで回答することも可能です。また、アーカイブ動画として配信することで、あとから見返しやすい点も魅力の1つです。

　一方、リモート環境下での問題に対する備えが必要であり、配信環境の整備やツールの使い方について事前にしっかりと説明することが求められます。またオフラインでの説明会に比べて情報量が少なかったり、参加者とのインタラクションが不足する可能性があります。こうした点を改善し、よりよいオンライン会社説明会の実現に向けて、技術の進歩や運営側の改善が求められています。

## ゲーム実況

　YouTubeライブ配信を利用したゲーム実況は、世界中のプレイヤーに向けてゲームプレイを共有する方法として人気のコンテンツです。ゲーム実況者はプレイする様子をリアルタイムで配信し、同時に視聴者からのコメントを受け取ることができます。また、配信中にゲームの攻略方法やプレイ方法を解説することで、視聴者の参加感を高めることができます。さらに、YouTubeの広告収益や、スポンサーからの支援を受けることも可能です。ゲーム実況者にとってYouTubeライブ配信は、自分のプレイを配信することでファンを増やし、収益を得ることができる魅力的な手段です。

　こうした中、ゲーム実況を行うプロゲーマーと呼ばれる職業が注目されています。彼らは、高いスキルや魅力的なキャラクターでファンを魅了しています。また、プロゲーマーの活動によってゲームの知名度が上がり市場拡大につながるなど、ビジネス面でも注目されています。

　YouTube上でのゲーム実況は、プレイの中断や配信品質による鑑賞体験の低下など、いくつかの注意点が存在します。しかし、それ以上に多くのファンを獲得することによる商品の宣伝や認知度の向上といったメリットがあることから、今後もゲーム実況は盛んに行われていくことが予想されます。

# VTuber

　YouTubeライブ配信において、バーチャルタレント「VTuber」の活用事例は多岐にわたっています。VTuberは、商品プロモーション、音楽配信、トークショーやイベントの実況中継など、さまざまな場面で活躍しています。また、VTuberによるゲーム実況配信も注目を集めています。さらに、VTuberはグッズ販売などの収益源も多く持っており、注目度の高さから多くの企業がタイアップに乗り出しています。VTuberの活用にはクリエイティブな発想が求められますが、今後ますます注目を集めていくことは間違いありません。

　一方、VTuberの増加に伴い、市場の飽和が懸念されています。しかし、マーケティングの工夫や多様な活動を展開することで、独自性や魅力的なコンテンツを提供することができるVTuberは生き残り、今後も人気を維持することができるはずです。

　VTuberには、デメリットも存在します。VTuber側では、プライバシーの漏えいや荒らし行為、さらには精神的な負担や過労などが懸念されています。また、企業側では、VTuberとの契約上の問題や広告表示に関するガイドラインの遵守が求められます。加えて、視聴者からの批判や不満に対応することも必要となります。

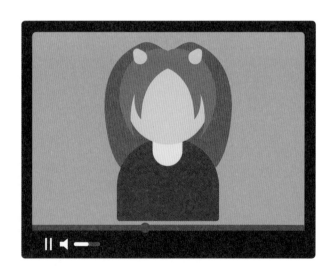

第 **1** 章

# YouTubeライブ配信の基本を知る

# 01 ライブ配信とは

YouTubeを使って動画を広く公開できるようになった今、さらなる盛り上がりを見せているのがライブ配信です。

## ライブ配信の特性

ライブ配信とは、配信サーバーやインターネット回線を経由し、視聴者に映像や音声をリアルタイムで配信することを指しています。いうなればテレビの生放送のようなものですが、ネット環境やデバイスの進化により、個人でも手軽にライブ配信を行えるようになりました。

ライブ配信では、撮影した動画をそのまま配信するため、難しい動画編集などの必要がありません。そのため、初心者でも手軽に始めることができます。

チャットを通して視聴者からの反応がリアルタイムで得られるのも、ライブ配信の醍醐味です。視聴者の反応に答えて交流するほか、特定の視聴者のみに限定配信したり、収益化したりするなど、さまざまな活用が可能です。

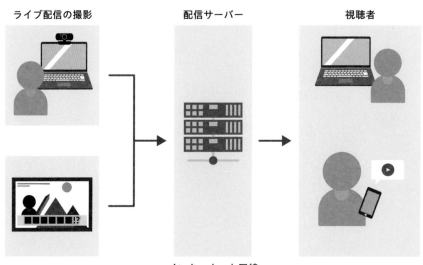

ライブ配信の撮影　　　　配信サーバー　　　　視聴者

インターネット回線

# Web会議ツールとの違い

　動画や音声を通してリアルタイムでコミュニケーションできるツールとして、「Zoom」に代表されるWeb会議ツールがあります。Web会議ツールとライブ配信の違いは、その目的にあります。Web会議ツールは、特定のメンバーが双方向にコミュニケーションを取ることを主眼としています。一方のライブ配信は、配信者が動画や音声を配信し、不特定多数の視聴者がそれを見るスタイルです。テレビやラジオなどの放送と似ていますが、視聴者と配信者が直接コミュニケーションを取ることのできる点が異なります。

　気をつけたいのは、Zoomなどのウェブ会議ツールがほぼリアルタイムでのやり取りが可能であるのに対し、ライブ配信は通常でも30秒程度の遅延（ラグ）が生じます。遅延にはプラットフォーム側の設定が関係しており、YouTube側である程度の遅延が発生するように、もとから設定されています。

◎ Web会議ツールは特定のメンバーとの通話目的で使われることが多いですが、ライブ配信は不特定多数に向けての配信目的で使われることが多いです。

---

## Point » ライブ配信の特性

・ライブ配信では、インターネット回線や配信サーバーを使って、動画や音声をリアルタイムで配信できる。
・視聴者からの反応を、チャットなどを使ってリアルタイムに受け取ることができる。
・ライブ配信は、YouTubeの特性上、30秒程度の遅延が発生する。

# 02 YouTube Liveとは

数ある動画配信サービスの中でも抜群の認知度を誇るのが、YouTubeのライブ配信サービス「YouTube Live」です。

## YouTube Liveとは

　YouTube Liveとは、Google社が運営する動画投稿サイトYouTube上でライブ配信ができるサービスです。以前はYouTubeのチャンネル登録数が100人以上でなければ利用できませんでしたが、現在は制限がなくなり誰でも無料で利用できるようになりました。YouTube Liveの最大の魅力は、世界中の人が集まるYouTube上で配信を行えるという点にあります。YouTube Liveでは、視聴者を限定した配信も可能ですが、一般公開で配信を行えば、ほかの動画と同様にYouTube上で見ることができますし、Google検索にもヒットします。そこから、新しい視聴者を呼び込むことができるのです。

　中級者にとっても、ゲーム機と連携するゲーム実況、キャラクターを使ったVTuber配信などにも対応できます。また上級者にとっても、満足できる機能を備え、映像や音声の品質がよく、同時接続数に制限がないなど、非常に使いやすいサービスとなっています。視聴者が配信者にコメントと一緒にお金をプレゼントする「Super Chat(スーパーチャット)」機能を利用することで、収益化を図ることもできます。

YouTube上でほかの動画と同様に表示されるので、YouTubeからシームレスに視聴者を呼び込むことができます。

◉ YouTube Liveは、世界中から見ることのできるライブ配信サービスです。

# 各種設定はYouTube Studioで行う

YouTube Liveでは、動画のアップロードやさまざまな設定を「YouTube Studio」で行うことができます。Webブラウザ上のサービスなのでアプリをインストールする必要はなく、ライブ配信を行う際はYouTube Studioのサイトに移動し、各種設定が行えるしくみになっています。

なお、YouTube Studioで行える設定や利用できる機能には制限があります。より凝った配信を行う場合は、別途エンコーダアプリが必要になります。本書では、利用者の多い「OBS（Open Broadcaster Software）」を利用して解説を行います。

● YouTubeの配信の開始や設定は、YouTube Studioから行うことができます。

---

## Point » **YouTube Live**

・YouTube LiveはYouTube上でライブ配信ができるため、新規ユーザーを呼び込みやすい。
・無料で始めることができる。
・投げ銭システムもあり、収益化することができる。
・配信の設定はWebブラウザ上のサービス「YouTube Studio」で行える。
・より凝った配信を行うには別途エンコーダアプリが必要。

# YouTubeライブ配信の種類を知る

YouTube Liveでは、Webカメラを使って手軽に始められるWebカメラ配信のほか、エンコーダ配信、モバイル配信を利用することができます。

## YouTubeライブ配信の種類

　YouTube Liveの配信機能には、「Webカメラ配信」「エンコーダ配信」「モバイル配信」の3種類があります。

　Webカメラ配信は、その名の通り、Webカメラで撮影した映像をそのまま配信する方法です。Webカメラとパソコンがあれば、かんたんに始められます。トークや楽器演奏などの配信やVlog、ファーストテイクなど、シンプルな撮って出し配信で活用できます。

　エンコーダ配信は、ゲーム実況などで画面をテロップで飾ったり、複数台のカメラを使った配信を行ったりする場合に使われる配信方法です。専用エンコーダアプリとYouTube Liveを連携させて使用します。

　モバイル配信は、スマートフォンを使った配信方法です。外出先でも手軽に配信できますが、YouTube LiveではYouTubeのチャンネル登録者が50人以上でなければ利用できません。

⬆ エンコーダ配信では、専用のエンコーダアプリを使って配信を行います。

Webカメラ配信

モバイル配信

エンコーダ配信

◉Webカメラ配信とモバイル配信は、それぞれWebブラウザのYouTube Liveとスマートフォン用の
YouTubeアプリを使って配信することができます。エンコーダ配信では、WebブラウザのYouTube Liveと
エンコーダアプリを同時に起動して配信を行います。

---

## Point » ライブ配信の種類

- YouTube Liveでは、Webカメラとパソコンがあれば配信できるWebカメラ配信と、
  専用アプリを利用するエンコーダ配信、スマートフォンで配信できるモバイル配
  信の3種類がある。
- エンコーダ配信には、エンコーダアプリとYouTube Liveの連携が必要。

# 04 YouTubeライブ配信の 準備をする

YouTube Liveを利用するには、Googleアカウントの取得、YouTubeチャンネルの開設などの準備が必要となります。詳しくは、第2章で解説を行います。

## Googleアカウントの取得とライブ配信申請

　YouTube Liveを始めるためには、Googleアカウントの取得と、YouTubeチャンネルの開設が必要です。Googleにアカウントを作ると「Gmail」のメールアドレスが発行されますが、すでにGmailアドレスを持っている場合は、そのアカウントを使用できます。

　Googleアカウントの作成が行えたら、次はYouTubeチャンネルを開設します。YouTubeチャンネルを作成すると、個人名のついたチャンネルが作成されます。YouTubeでライブ配信を行う際は、専用の名前をつけた新しいチャンネルを作成するのがおすすめです。

　チャンネルの作成が完了したら、「機能の利用資格」で「中級者向け機能」を有効にします。ライブ配信を行うには、そのうえで利用資格のクリアと、ライブ配信の申請が必要です。

⊙YouTubeアカウントの「設定」画面で [チャンネルのステータスと機能] をクリックし、「チャンネル」メニューの「機能の利用資格」タブを開きます。ライブ配信をするには、ここで「中級者向け機能」を有効にする必要があります。Googleアカウントに電話番号を登録すると、有効にすることができます。

# インターネット回線の準備

　ライブ配信には、インターネット環境の整備も重要です。ネット環境が整っていないと途中で映像が止まったり、音声が途切れたりと、視聴者が見にくい配信になってしまいます。ライブ配信では、特にアップロード速度が重要です。30Mbpsあれば、ストレスなく配信できるでしょう。有線LANを使うと、より安定が見込めます。

　インターネット回線において、プロバイダが提供するベストエフォート速度は規格上の最大通信速度です。実際の通信速度は回線の混み具合によって変化するので注意が必要です。曜日や時間帯によって混み具合が変わってくるので、インターネット回線の速度テストを行い、実際の速度を確認しておきましょう。特に自宅に引き込んだ光回線でなく、WiMAXやLTEなどのモバイル回線の場合は安定性に影響が出やすいので、注意が必要です。

　企業のオフィスや、学校などの教育施設や公共施設では、ネットワークセキュリティが強固に設定されている場合が多く、通常の設定ではライブ配信ができないケースもあります。そうした場合はルーターでポート開放などの設定の変更を行う必要があります。実行できるかどうか、必ず事前に確認しておきましょう。

◀ インターネット回線の速度テスト（https://fast.com/ja/）を利用して、曜日、時間帯別にネットの速度をチェックしましょう。

---

### Point ≫ Googleアカウントと安定したインターネット回線が必要

・YouTube Liveを始めるにはGoogleアカウントの取得が必要。すでにGmailアカウントを持っている場合は、そのアカウントを使うことができる。
・YouTubeのブランドチャンネルの開設がおすすめ。
・安定したインターネット回線が必要。上りが30Mbps程度の実測値があれば安定した配信が行える。

## 05 YouTubeライブ配信を 告知する

YouTube Liveで開催前に配信の告知を行うには、ライブ配信の予約を行い、配信用のURLを取得することが必要になります。

## 配信用のURLを取得する

　YouTube Liveでは、チャンネルに割り当てられたURLではライブ配信ができず、ライブ配信ごとにURLが新たに発行されるしくみになっています。そのため、視聴者にライブ配信を告知するには、P.88の方法で事前に予約を行い、ライブ配信用のURLを取得する必要があります（P.91参照）。

❶WebブラウザでYouTubeを開き、右上の ▶ から、ライブ配信用の画面を開きます。

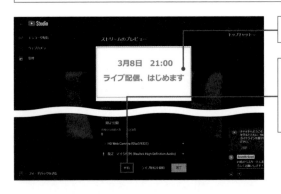

❷告知用の静止画を登録します。

❸［共有］をクリックして、ライブ配信用のURLを取得します。予約後は、「管理」メニューからURLを確認できます。

❹動画リンクの ▣ をクリックしてURLを取得します。各SNSのアイコンをクリックすれば、予約した配信URLを投稿できます。

# 開始までの待機所を設定する

ライブ配信の予約を行うと、視聴者が待機するための「待機所」を設定することができます。ライブ配信が始まる前にURLにアクセスすると、待機所にライブ配信開始までのカウントダウンが表示されます。配信前でもチャットを利用できるので、配信内容をコメントしておいたり、視聴者どうしがコミュニケーションを取る場所として活用したりすることができます。

また、「待機所」の画面には告知用の画像を表示させることができます。配信日時などを表示させておくとよいでしょう。

ライブ配信が始まるまでの時間がカウントダウンされる。
[通知する]をクリックすると、開始前に通知が表示されます。

ライブ配信が始まる前の告知画像が表示されます。

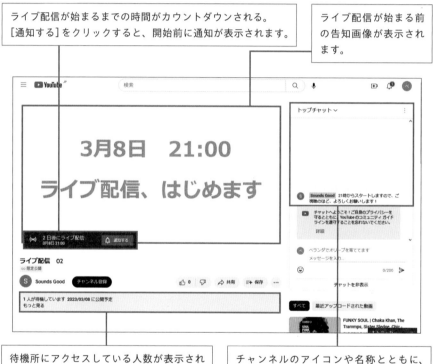

待機所にアクセスしている人数が表示されるので、配信前に視聴人数を把握できます。

チャンネルのアイコンや名称とともに、配信者からのコメントが掲載されます。

---

## Point » ライブ配信を告知するには事前予約が必要

- ライブ配信を事前予約すると、配信URLを取得できる。
- ライブ配信を事前予約すると、YouTube上に待機所を作成できる。

# 06 YouTubeライブ配信に集客する

YouTubeライブ配信に集客するには、タイトルやサムネイル画像に工夫を行い、SNSによって告知を行うことが重要です。

## タイトル・サムネイル画像を工夫する

YouTube Liveでライブ配信の事前予約を行うと、YouTube上に待機所ができ、配信日時や配信内容を告知・宣伝することができます。たくさんの動画がアップされているYouTubeでは、検索結果の上位に表示されなければ一般視聴者にはなかなか見てもらえません。待機所は検索の対象にもなりますので、有効に使えば視聴者を集めやすくなります。

配信内容を告知する際は、タイトルで動画の内容をわかりやすく伝えるのはもちろんのこと、チャンネルの概要欄、動画下に表示される説明欄も手を抜かず、配信の詳細を記載しましょう。SEOを意識し、タイトル、説明欄に検索上位につながるキーワードやハッシュタグを入れることでも検索上位に上がりやすくなります。効果的なキーワードを調べるための、無料のSEOツールを活用するのもおすすめです。

サムネイル画像は、パッと見て配信の内容を理解できること、興味を引いて配信の説明欄を読みたいと思わせることが重要です。サムネイルには文字も入れられますが、情報の詰め込み過ぎは禁物です。最大でも15文字程度までにして、背景との配色も考えてインパクトあるデザインを心掛けましょう。

待機所のチャット欄も、集客の要となります。チャット欄で告知や誘導を行うことで、視聴者からの書き込みを促しましょう。書き込みがあれば積極的にコミュニケーションを取り、コメントをくれた視聴者にはコメントを返したり、お礼を一言添えるなどの対応を行います。こうしたコミュニケーションの積み重ねが、視聴者に信頼感を与え、集客につながります。

## SNSで告知する

ライブ配信を行う際は、SNSによる告知が不可欠です。配信チャンネル用のSNSアカウントを作って動画の宣伝をするほか、日頃から関連情報を投稿しておくと効果的です。短い配信予告の動画を作成してSNSにアップすると、期待感がアップします。

定期的に配信を行うことも重要です。「週1回・火曜日18時から」「月1回・木曜日19時から」というように、曜日や時間を固定して配信を継続して行います。配信のタイミングが固定されていると、視聴者も次の配信にアクセスしやすくなります。

とはいえ、始めたばかりでは閲覧数が1もしくは0ということもありえます。しかし、配信の回数を重ねることで認知度が上がり、視聴者も増えていきます。最初は閲覧数に惑わされず、配信のクオリティアップと見に来てくれた視聴者へのフォローに努めましょう。

## 集客数の指針とは

YouTubeライブ配信の集客には、「再生回数」と「同時接続数」の2つの指針があります。再生回数は、ライブ配信の動画が視聴された合計回数で、配信後のアーカイブ再生回数もプラスされます。

同時接続数は、ライブ配信をリアルタイムで最大何人の視聴者が同時に視聴していたかを示す値です。たとえば20分間のライブ配信で同時に視聴している人の数が最大で1,500人だった場合、同時接続数は1,500人となります。配信中、視聴者は途中から視聴したり抜けたりするため、同時接続数＝再生数ではありません。同時接続数が1,500人で1人あたりの平均視聴時間が2分の配信と、同時接続数が500人でも1人あたりの平均視聴時間が10分の配信では、後者の方が定着率が高く、視聴者を引きつけることができたともいえます。

こうした細かな視聴者数の動きは、YouTube Studioの「アナリティクス」でチャンネル全体のアクセス解析が行えるので、参考にしましょう。

「YouTube Studio」で、チャンネルダッシュボードの左側メニュー内の[アナリティクス]をクリックして集客状況を確認できます。

## 07 YouTubeライブ配信で交流する

YouTube Liveでは、動画プレイヤーの右側にチャット欄があり、これを使って視聴者と交流することができます。

## チャット・ライブQ&A・ライブアンケート

　YouTube Liveでは、チャット欄を活用することでリアルタイムの双方向コミュニケーションを行うことができます。たとえば新製品をライブ配信で紹介した場合、コメント欄に率直な感想が書き込まれ、視聴者が感じた印象や疑問、好ましいと思った点や不満な点をつかむことができます。さらに書き込まれたコメントに対して、文字や口頭で回答することで、視聴者が求める情報を提供できます。とはいえ、配信を始めて間もない時は、コメントの書き込みも少ないのが通常です。配信者のほうから書き込みを促すコメントを書き込むとよいでしょう。

　視聴者にコメントを書き込んでもらうために利用したいのが、「ライブQ&A」と「ライブアンケート」の機能です。ライブQ&Aは、「●●について意見をください」といった形で配信者からのメッセージを添え、チャット欄の上部に固定表示して質問の書き込みを促すことができる機能です。ただ漠然と書き込みを促すよりも、「お題」があるほうが視聴者は質問や意見を書き込みやすくなります。また、視聴者から寄せられたコメントを固定することができるので、「今、この質問に答えている」ということが明確になり、途中から配信を見始めた人にも、状況がわかりやすくなります。

　ライブアンケートは、配信中に複数の選択肢を設けたアンケートを実施する機能です。ライブQ&Aと同様、チャットの上部にアンケートが固定され、視聴者がアンケートに回答すると、その結果がリアルタイムで表示されます。視聴者にとってアンケートは、チャットにコメントするよりハードルが低く、参加しやすいはずです。チャットやQ&Aへの書き込みがいまひとつであれば、アンケートから始めるのも1つの方法です。

配信者がライブQ&Aを開始し、視聴者からの質問募集をコメント。ライブQ&Aを終了するまで、このコメントは上部に固定されています。

視聴者から書き込まれた質問のコメントを配信者が固定し、配信動画上で質問に回答する。回答が終わったら固定を解除し、ほかの質問コメントを固定して、回答していきます。

配信中にアンケートを実行できるライブアンケート。配信者が書き込んだアンケートに、視聴者はチャット欄で回答します。回答結果は、リアルタイムで投票状況を確認できます。

## Point » 配信時の交流を活性化させる

- 配信者自らチャットにコメントして書き込みを促す。
- 視聴者が書き込みしやすい「お題」をチャット上部に固定する「ライブQ&A」を活用する。
- ライブQ&Aの活用中は視聴者からのコメントも上部に固定できる。
- 配信中にリアルタイムでアンケートが行える「ライブアンケート」は、コメントに躊躇するユーザーも参加しやすい。

# 08 YouTubeライブ配信で収益を得る

YouTube Liveには、収益化のためのシステムが構築されています。ただし、収益化を実現するには、いくつかの厳しい条件をクリアする必要があります。

## ライブ配信収益化のしくみ

YouTubeで収益を得る方法は、大きく分けて5種類あります。それが、広告収益、チャンネルメンバーシップ、Super Chat (Super Stickers)、YouTube Premium、ショッピングです。

### 広告収益
動画の再生ページに表示される広告と、ショートフィードに表示される広告から収益を得る方法です。

### チャンネルメンバーシップ
視聴者が月額料金を支払うことで、特定のYouTubeチャンネルのメンバーになる制度です。メンバー限定特典でバッジや絵文字などの限定アイテムを作成できるほか、メンバーはそのチャンネルのクリエイターが提供する特典を利用することができます。

🔽 YouTubeのWebサイトでは、メンバーシップに入ることによる手順やメリットを公開しています。

### Super Chat (Super Stickers)

Super Chatは、視聴者がチャットにコメントをする際、料金を支払ってコメントを上位に表示して目立たせる投げ銭サービスです。支払金額は100円から5万円まであり、その金額に応じて、送信できる文字数やコメント欄に固定表示される時間の長さが変わってきます。

Super Stickers（スーパー ステッカーズ）は、コメントにアニメーションスタンプをつけることでさらに目立たせることができる投げ銭サービスです。

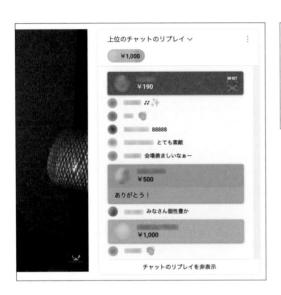

> Super Chatで投げ銭をすることにより、チャット欄に固定表示され、埋もれることなくコメントを配信者に読んでもらえます。金額によって表示時間が変わり、色分け表示されます。

### YouTube Premium

YouTube Premiumは、YouTubeの月額料金制のメンバーサービスです。加入すると、広告の非表示やバックグラウンド再生、オフラインでの動画再生、YouTubeのオリジナル動画や映画の視聴などが可能になります。YouTube Premiumのユーザーがチャンネルを視聴した場合は利用料金が分配され、チャンネルの収益となります。再生回数が多ければ、それだけ分配も多くなります。

### ショッピング

チャンネル内や動画下部、動画終了画面で商品を紹介し、視聴者が購入できるしくみです。チャンネル公式グッズやオリジナル商品の宣伝、販売が行えます。「Shopify」とGMOのショッピングサイト「SUZURI」との連携機能もあります。海外ではオリジナル商品以外の販売も可能となっており、いずれ日本でも利用できるようになると思われます。

# 収益を得るには

YouTubeおよびYouTube Liveで収益を得るには、「YouTubeパートナープログラム」に申請し、YouTubeの承認を得なければなりません。申請には、クリアすべき以下のような条件があります。

①18歳以上であること
②YouTubeの報酬を受け取ることが可能な国、地域に住んでいること。日本在住なら問題ない
③チャンネルの内容が、YouTubeのポリシーに準拠していること
④過去12か月の再生時間が4,000時間以上であること
⑤チャンネル登録者数が1,000人以上であること
⑥チャンネルにリンクするための有効な Google AdSense アカウントを取得していること

申請時に上記の条件がすべてクリアになっていれば、いよいよYouTubeによるチャンネルの審査が始まります。審査は開始から1ヶ月以内には完了し、結果が通知されます。何らかの理由で承認されなかった場合、審査は何度でも再チャレンジが可能です。

❶Webブラウザで YouTube を開き、右上の自分のアイコンをクリックして、[YouTube Studio]をクリックします。

❷[収益化]をクリックすると、[参加方法]から収益に必要な参加要件を確認することができます。

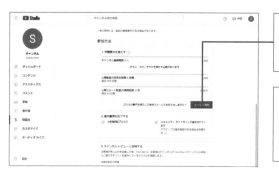

❸[メールで通知]をクリックすると、要件を達成した際にメールで通知されます。

❹条件を満たしたら、画面下に[適用]が表示されるのでクリックし、[開始]をクリックして収益の審査を開始します。

# Google AdSenseとは

Google AdSense は、広告によって収益化を図るためのサービスです。18歳以上で、広告を掲載するコンテンツを運営していること、収益を振り込むための銀行口座情報と、明細を郵送するための住所の登録が必要になります。すでに使用しているGoogleアカウントを使って申請し、Google AdSense と紐づけます。申請後に審査が行われ、1週間程度で返事が届きます。

Google AdSenseの サ イ ト (https://adsense.google.com/intl/ja_jp/start/) にアクセスし、[ご利用開始]をクリックします。必要な情報を入力して、申請します。

---

**MEMO**

チャンネルの収益化が承認されたあと、登録者数が1,000人以下になるなど収益化の条件を下回った場合も、収益化の資格が自動的に取り消されることはありません。しかし、6か月以上、動画のアップロードやライブ配信などが行われない場合、資格が取り消されることがあります。犯罪や違法行為などでポリシーに違反した場合も、収益化の資格を失う場合があります。

---

### Point » 収益化の方法

- 収益化の方法には、広告収益、チャンネルメンバーシップ、Super Chat (Super Stickers)、YouTube Premium、ショッピングがある。
- 収益化を行うには、YouTubeパートナープログラムの申請と承認が必要。
- パートナープログラムの承認には、チャンネル登録者数1,000人以上、過去12カ月に有効な公開動画の総再生時間が4,000時間以上などの条件のクリアが必要。

# 09 チャンネル登録・Goodボタンを促す

YouTubeのライブ配信では、配信者がチャンネル登録・Goodボタンを促すことが多いです。どのようなタイミングで促せばよいのかを見ていきましょう。

## チャンネル登録・Goodボタンのクリックを促す

　YouTubeのライブ配信では、しばしば配信者がチャンネル登録やGoodボタンのクリックを促すアナウンスを行うことがあります。チャンネル登録とは、YouTube再生画面の「チャンネル登録」ボタンのことを指します。クリックすると、そのチャンネルを登録できます。また、チャンネル登録後に表示される「登録済み」ボタンをクリックすると、ベルマークの一覧が表示されます。ベルマークは通知の頻度を設定できる項目で、初期状態では「カスタマイズされた通知のみ」になっています。配信者の中には、ライブ配信開始や新着動画が投稿されるとすぐに通知をしてくれる「すべて」に変更してもらうよう促す人もいます。一方のGoodボタンは、YouTube再生画面に表示される、親指を立てた形状のアイコンのことです。クリックすると、ライブ配信のアーカイブ・投稿動画の評価につながります。

　チャンネル登録やGoodボタンのクリック数が多いほど、検索結果で上位に表示されやすくなったり、コンテンツの信頼度の高さの指標となります。さらに、広告収入増加の可能性もあるなど、多くのメリットがあります。ライブ配信においても積極的に促すことで、チャンネルの成長につながります。

「チャンネル登録」ボタンとGoodボタンは、再生画面に配置されています。

MEMO

「Goodボタン」は、配信時の設定で件数を表示させないようにすることもできます。

# チャンネル登録・Goodボタンの促し方

　YouTubeのチャンネル登録やGoodボタンを押してもらうように促すもっとも一般的な方法は、「チャンネル登録・高評価をお願いします」と口頭で促すことでしょう。最適なタイミングは次の通りです。

## ・配信開始前

配信開始前に呼びかける方法です。セミナーの流れを中断することがないので、視聴者のストレスも少ないです。

## ・配信終了後

配信終了後に呼びかける方法です。長時間のセミナーが終了して、視聴者もリラックスしています。次回開催するセミナーへの期待感も高まるので、チャンネル登録・Goodボタンのクリックを呼びかけるタイミングとして最適です。

　また、チャットで促すのもよいでしょう。YouTubeのチャットは、特定のチャットをチャット欄の最上部に固定表示することができます。この機能を活用し、チャンネル登録・Goodボタンを促すメッセージを固定しましょう。

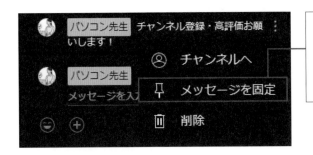

ライブ配信画面でチャットを投稿後、右側の■→[メッセージを固定]の順にクリックすると、チャットが固定されます。

　セミナー開始前の待機画面や、終了後のエンドカードに表示する画像・動画に、チャンネル登録やGoodボタンを促すメッセージを掲載するのも効果的です。チャンネル登録やGoodボタンをクリックするアニメーションをエンドカードに取り入れている配信者も多いようです。

# 10 YouTubeライブ配信の注意点

ライブ配信には、いくつかの注意点があります。個人情報が映り込んでいないか、著作権違反をしていないかなど、事前にしっかりと確認しましょう。

## 個人情報の流出や違反行為に注意

その手軽さやリアルタイム性から、「ライブ配信はその場限り」と考えがちです。しかし、画面のスクリーンショットや録画が拡散される可能性は常にあります。またアーカイブとして保存する場合は、中長期にわたって閲覧されることになります。ライブ配信での発言や情報は、広く拡散されても問題ないよう細心の注意を払いましょう。特に、以下のような点に注意が必要です。

### 個人情報を公開しない

自宅の住所や職場・学校などの個人情報が流出すると、さまざまなトラブルにつながります。意図せずに画面に映り込んだ背景や、ちょっとした発言から住所や勤務先が推測されてしまうこともありえます。個人情報は安易に口にせず、画面に映り込む背景やPC画面の文字情報などにも十分注意しましょう。

### 犯罪・違反行為は絶対に行わない

犯罪行為や違反行為は、絶対に行わないようにしましょう。ライブ配信中にそうした犯罪行為を行えば、視聴者によって通報されてしまいます。たとえ法に触れるほどの行為でなくても、人を不快にする行為や常識外れの行動を配信すれば、炎上に発展することもあるので注意が必要です。

### 問題のない発言を心掛ける

差別的な発言はもちろんのこと、特定の思想や宗教、信条に関わる発言にも注意が必要です。宗教や政治、人種差別や人権問題などは、踏み込むと不快に感じる人が必ず出てくる話題です。そのようなテーマの配信でない限りは、ひかえておいたほうがよいでしょう。

# 著作権に触れる音楽・動画を使わない

　世の中で流れている音楽には、プロアマ問わずすべてに著作権があります。ライブ配信中にBGMとして楽曲を流す場合も、著作者に許可を取らない限りは著作権侵害に当たります。

　YouTubeでは著作権管理が厳正に行われており、すべての動画をスキャンし、著作権に触れる楽曲・動画があれば検出しています。不正利用と判定されれば、配信停止やアカウント停止などのペナルティを受けることもあります。

　YouTube Studioに楽曲を含んだ動画をアップロードすると、著作権チェックが行われます。使いたい楽曲があれば非公開設定でアップロードして、問題があるかどうか確認してみましょう。非公開であっても、問題があれば警告されます。

　楽曲を使う場合は、自作の楽曲か著作権フリーの音源を利用するのがおすすめです。

フリーのBGMを集めた素材サイト「DOVA-SYNDROME」（https://dova-s.jp/）では、1万曲を超える楽曲を無料でダウンロードし、利用することができます。

---

**Point** » **YouTubeのガイドラインを必ずチェックする**

YouTubeには、利用上の注意事項をまとめた「コミュニティ ガイドライン」が「YouTubeヘルプ」のサイトに掲載されています。ガイドラインから大きく逸脱した内容を配信すればアカウント停止となりますので、目を通しておくことをおすすめします。

また「YouTube のヘルプ コミュニティ」では、さまざまな事例を検索できます。著作権の範囲について知りたい場合など、疑問の解消に役立ちます。

# そのほかのライブ配信プラットフォーム

ライブ配信の方法は、本書で解説するYouTube Liveだけではありません。ゲーム配信向けやビジネスユースまで、多種多様なライブ配信プラットフォームがリリースされています。

## ● ビジネスユースで活用できるライブ配信プラットフォーム

イベントやセミナー、新製品紹介など、ビジネスを目的としてライブ配信を行うには、映像・音声の品質のよさ、セキュリティや収益化のシステムが整ったプラットフォームがおすすめです。

「Facebook Live」は、大手SNSであるFacebookと連携し、無料でライブ配信が行えます。用途としては、限られた視聴者を対象とした限定配信が向いています。

「Microsoft Teams」も、イベントやセミナーなどの限定配信向けです。人数制限はありますが、企業向けMicrosoft365プランに加入していれば、無料でライブ配信が行えます。

## ● ゲーム配信ができるライブ配信プラットフォーム

「Twitch」「ニコニコ生放送」「ツイキャス」「Openrec」などの配信プラットフォームは、PCゲーム、PlayStationを中心にゲーム配信に対応しています。ゲーム機によって対応できるプラットフォームが異なりますので、ゲーム機の公式サイトなどで確認しましょう。

日本製のプラットフォーム「Openrec」はゲーム配信に特化しており、「Switch」の配信も可能です。審査をクリアしないと配信できない、クリエイターズプログラムに参加しないと収益化できないなど、YouTube Liveと同様に条件がありますが、会員登録も配信も無料です。

「Mirrativ」は、スマートフォンでスマートフォンアプリゲームの配信ができる点が特徴です。パソコンから「Mirrativ」を利用すれば、パソコンゲーム、Switch、PS4／5の配信も行えます。

# 第 2 章

## YouTubeライブ配信の準備をする

# 11 Googleアカウントを取得する

YouTubeは、Google社が提供するサービスの1つです。そのため、YouTube Live を使ったライブ配信には、あらかじめGoogleアカウントの取得が必要です。

## Googleアカウントを取得する

　YouTube Liveでライブ配信を行うには、最初にGoogleアカウントを取得しておく必要があります。すでにGoogleアカウントを所有している場合、ここでの手順は省略することができます。アカウントの作成には、名前、ユーザー名（@の左側部分）、生年月日、性別の登録が必要です。名前は、本名でなくてもかまいません。

　電話番号と再設定用のメールアドレスの登録も求められますが、こちらは省略可能です。ただし、ライブ配信を行うには、第三者による不正ログインを防ぐために電話番号の登録が必要です。アカウント作成時に、必ず番号登録を行っておきましょう。

　Googleアカウントを取得すると、Gmailで利用できるメールアドレスのほか、15GBのクラウドストレージを利用できるGoogleドライブ、多機能なGoogleカレンダー、Web上で文書を編集できるGoogleドキュメントなどのツールが無料で利用できるようになります。

❶Webブラウザで Google (https://www.google.co.jp/) にアクセスします。右上の［ログイン］をクリックします。

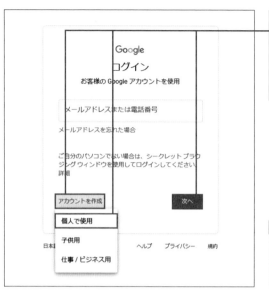

❷ [アカウントを作成] をクリックします。プルダウンメニューで、[個人で使用] または [仕事／ビジネス用] をクリックして選択し、[次へ] をクリックします。

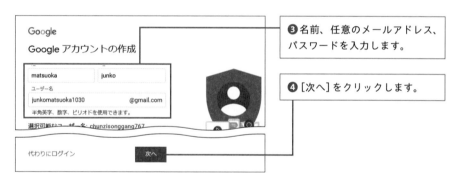

❸ 名前、任意のメールアドレス、パスワードを入力します。

❹ [次へ] をクリックします。

❺ 電話番号を入力します。携帯電話番号でなく、自宅の固定電話番号でもOKです。ライブ配信を行う場合は必ず登録します。

❻ 生年月日や性別など、必要事項を入力し、画面の指示に従ってアカウントの作成を完了します。

## 12 YouTubeチャンネルを開設する

YouTubeでライブ配信を行う場合、個人名のチャンネルとは別に、新しくブランドアカウントのチャンネルを作成しましょう。

## ブランドアカウントのチャンネルを作成する

　YouTubeチャンネルには、所有者だけが管理できる個人のチャンネルと、複数人で運営・管理できる「ブランドアカウント」のチャンネルの2種類があります。ブランドアカウントは、Googleアカウントとは異なるYouTube専用のアカウントで、任意でつけたチャンネル名がそのままアカウント名になります。チャンネル作成者以外の人を管理者に追加し、複数ユーザーでチャンネルを管理することができます。

　個人のアカウントでも、YouTube Live配信を行うことは可能です。しかし、個人アカウントがそのままチャンネル名になってしまうため、プライバシー漏洩のリスクを軽減するためにも配信用にブランドアカウントを作成するのがおすすめです。チャンネル作成の手順としては、最初に個人のYouTubeチャンネルを作成し、個人のチャンネル内で新しいチャンネル（ブランドアカウントのチャンネル）を作成します。ブランドアカウントのチャンネルは、1つのGoogleアカウントにつき100個まで作成できます。

---

**個人アカウントとブランドアカウントの違い**

**■個人アカウント**

・チャンネルの管理ができるのはチャンネルを作成した個人だけ

・デフォルトでは個人アカウントの所有者名やプロフィールアイコンがそのままチャンネル名に反映される（変更可能）

・個人アカウントとしてのチャンネルは1つに限られる

**■ブランドアカウント**

・複数のユーザーでチャンネル管理や動画のアップロード、ライブ配信が行える

・自由にチャンネル名をつけられる

・ユーザーごとに閲覧専用、制限付きコントロール、フルコントロールといった管理機能の制限を設けられる

・複数のチャンネルを作成できる

---

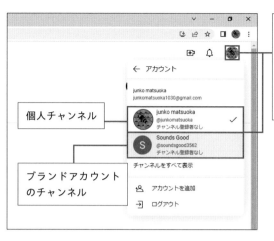

プロフィールアイコンをクリックして[アカウントを切り替える]をクリックすると、個人アカウントとブランドアカウントのチャンネルが表示され、切り替えて使うことができます。

個人チャンネル

ブランドアカウント
のチャンネル

# YouTubeチャンネルを開設する

❶ プロフィールアイコンをクリックします。

❷ [チャンネルを作成]をクリックします。

❸ [チャンネルを作成]をクリックします。これで、個人チャンネルが作成できます。

❹ プロフィールアイコン→[設定]の順にクリックします。

❺[新しいチャンネルを作成する]をクリックします。

❻「チャンネル名」に、任意のチャンネル名を入力します。

❼「新しいGoogleアカウントを独自の設定…」にチェックを入れます。

❽[作成]をクリックします。これで、ブランドアカウントのチャンネルが作成されます。

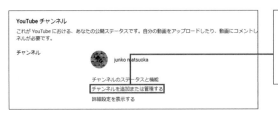

❾作成したチャンネルを確認したい場合は、手順❹の操作を行い、[チャンネルを追加または管理する]をクリックします。

# ライブ配信の申請を行う

　チャンネルを作成したら、ライブ配信を行うための申請を行います。申請してからライブ配信が可能になるまで、24時間かかります。いざ配信というときに慌てないために、チャンネルを作成したらすぐに申請をしてしまいましょう。また、ライブ配信の申請はチャンネルごとに必要です。複数のブランドアカウントのチャンネルを作成した場合は、チャンネルごとに申請を行います。

　なお、ライブ配信の申請を行うには、YouTubeの利用資格の中級者向け機能が有効になっていることが必要です。最初に、有効になっているかどうかの確認を行いましょう。

❶YouTubeサイトのプロフィールアイコン→［設定］の順にクリックし、［チャンネルのステータスと機能］をクリックします。

❷「チャンネル」の「機能の利用資格」を表示し、「2.中級者向け機能」が有効になっていることを確認します。この資格を有効にするには、Googleアカウントへの電話番号の登録が必要です。

❸YouTubeの画面に戻り、右上にある⊞→［ライブ配信を開始］の順にクリックします。［リクエスト］をクリックします。

❹ライブ配信が有効になるまでの時間が、カウントダウン方式で表示されます。24時間後に⊞→［ライブ配信を開始］の順にクリックすると、ライブ配信が行えるようになっています。

## 13　ライブ配信に必要な機材を準備する

ライブ配信には、パソコンやマイク、カメラなどの機材が必要です。映像の鮮明さや音質のよさを優先するなら、外付けのカメラやマイクの使用がおすすめです。

## パソコン・マイク・カメラ

　ライブ配信を行うには、パソコンが必要です。YouTube Liveでスマートフォンなどを使ったモバイル配信を行うためには、50人以上がチャンネル登録している必要があります。かつ、この条件をクリアしていても配信が制限される可能性があります。まずはパソコンを使った配信から始めてみましょう。

　使用するパソコンは、WindowsならCore i7以上のCPU、メモリは8GB以上、ストレージはSSD256GB以上、macOSならCPUはM1/Core i7以上、ストレージはSSD512GB以上を確保できれば安心です。極端に低スペックでなければ配信に問題はありませんが、メモリは16GB以上あると安心です。なお、ゲーム用のパソコンとして販売されているゲーミングパソコンはハイスペックなので、検討してもよいでしょう。

　映像の撮影は、パソコンに内蔵されているカメラでも可能です。しかし、画質が悪く撮影もしにくいため、別途外付けのWebカメラを用意することをおすすめします。Zoomなどのウェブ会議ツールで使用するWebカメラでもよいですが、「ストリーミングカメラ」と呼ばれる上位機種を使うと、より鮮明な映像を撮影できます。また、Webカメラ用の三脚があれば、安定した撮影ができ、撮影場所やアングルの自由度が上がります。リングライトがあれば、さらに映像の品質がよくなります。

　画質にこだわる場合、ビデオカメラや一眼カメラを使えば、より高画質な映像が撮影できます。ビデオカメラを使う場合は、キャプチャーボードが必要になりますが、ビデオカメラ単体で配信を行える機種も登場しています。

　また、ライブ配信で音声が聞き取りづらいと、視聴者は途中で離脱してしまいます。音声をクリアにするために外部マイクを用意すると音質がよくなります。さらに、楽器演奏など音楽ライブの配信をしたい場合は、各楽器やボーカルから音声を得るためのマイクとオーディオミキサーなどが必要になります。

Web カメラ パソコン リングライト

マイク 三脚 ミキサー

## ゲーム配信にはキャプチャーボードが必要

　ゲーム配信を行う場合、PCゲームの配信であれば、特別な機材は必要ありません。一方、SwitchやPS4のようなゲーム専用機のゲームを配信する場合は、ゲーム機から映像や音声を吸い出すためのキャプチャーボードが必要になります。ゲーム配信用のキャプチャーボードはさまざまな製品がリリースされていて、1〜2万円程度とそこまで高い値段ではありません。

　ゲーム実況の場合も、音声の聞き取りやすさは重要です。ヘッドセットかマイクを使うのがおすすめです。ゲーム配信について、詳しくは第7章を参照してください。

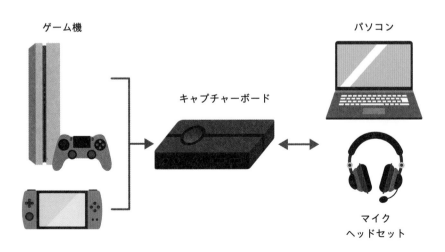

ゲーム機　　　　　　　　　　　　　　　　　　　　　　パソコン

キャプチャーボード

マイク
ヘッドセット

# 14 ライブ配信に必要なアプリを準備する

ライブ配信を行うには、YouTube LiveとYouTube Studioが必要です。また、テロップや効果的なグラフィックを取り入れるには、アプリとの連携が必要です。

## YouTube LiveとYouTube Studio

YouTubeでライブ配信を行うには、YouTube LiveとYouTube Studioが必要です。

YouTube Liveは、映像や音声をYouTube上でリアルタイムに配信することができるサービスです。利用するには、Googleアカウント（P.48参照）が必要です。配信された動画はアーカイブ化され、あとから視聴することができます。

YouTube Studioは、YouTubeチャンネルの管理ツールです。動画のアップロードや編集、分析などの機能を提供しており、その中にライブ配信の機能も含まれます。

❶YouTubeを開き、画面右上の⊞をクリックします。

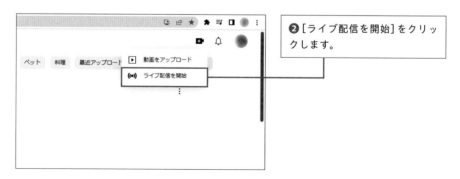

❷［ライブ配信を開始］をクリックします。

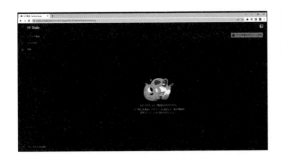

❸YouTube Studioのライブ配信画面が開きます。

## ┃エンコーダアプリ

　ライブ配信画面に字幕やテロップを入れたり、スライドや画像を挿入したい場合は、エンコーダアプリが必要です。アニメーション効果といったエフェクトなど効果的な映像演出も行えるようになり、配信のクオリティが一挙にアップします。

　ゲーム配信やVTuber配信において、エンコーダアプリは必須です。ライブ配信アプリと連携すれば、ゲーム機やパソコン画面をそのままキャプチャーして配信するほか、画面にフレームをつけたり、テロップやチャットのコメントを画面に表示できます。

　YouTube Liveに対応するエンコーダアプリの中で一番の定番アプリは、「OBS Studio」です。初心者でも直感的に使いこなせる操作性のよさに加え、高機能でありながら無料なのも大きな魅力です。OBS Studioについては第4、5章を参照してください。

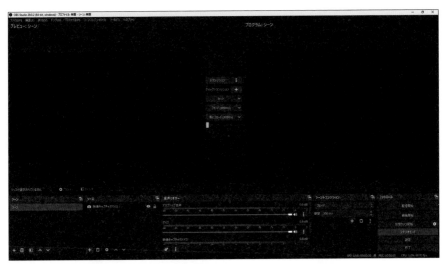

◎OBS Studioは代表的なエンコーダアプリです。

## 15 ライブ配信の人員を用意する

ライブ配信では、ネットの接続や機材トラブルへの対応、チャットへの返信など、さまざまな対応が必要です。必要な人員を確保しておきましょう。

## ライブ配信に必要な人員とは

ライブ配信で必要な人員は、配信内容や目的によって異なります。一般的には出演者のほかに、配信用のパソコンを操作して指示を出したり、トラブル時に対処したりする係、視聴者からのチャットに対応し、配信者側のメッセージの作成や送付を行う係、進行スケジュールを管理するタイムキーパー係などが必要です。

配信用のパソコンを担当する係は、配信の開始・終了を操作するほか、実際の配信の様子をプレビューで確認しながら、必要な手配を行います。

チャット対応の係は、視聴者からリアルタイムで書き込まれたコメントに返信したり、スパムコメントを削除したりといった対応を行います。配信で取り上げるコメントをセレクトして、出演者に知らせる役割も担います。

タイムキーパーは、残り時間を把握して「あと５分で説明の時間は終了」「機材トラブルが起きたので、あと５分、挨拶を引き延ばしてください」など、進行の状況を出演者に伝えます。ボードに手書きで書いてカメラのうしろから掲げるなど、アナログな方法が効果的です。

これらの役割を１人か2人で担うことも不可能ではありませんが、よりスムーズな配信を行うには、それぞれの役割を専任のスタッフに任せることが望ましいでしょう。

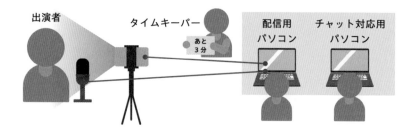

出演者　　　　タイムキーパー　　　配信用　　チャット対応用
　　　　　　　　　　あと3分　　　　パソコン　　パソコン

# チャンネル管理者を追加する

　ライブ配信に複数のスタッフが参加する場合、複数のパソコンを使用する必要があります。YouTubeチャンネルでは、1つのID・パスワードを共有して使用することはおすすめされていません。代わりに、複数のユーザーを管理者に指定できます。

　管理者になると、スタッフは自分たちのパソコンから配信に関するさまざまな操作を行えるようになります。協力し合うことで、ライブ配信の進行がスムーズになり、何か問題があってもすぐに対応できます。また、複数のパソコンを用途に分けて使用することで、より効率的に配信を管理できます。

　管理者には、配信の実行や設定の変更などについて、チャンネル作成者とほぼ同等の権限があります。一方、YouTubeチャンネルには管理者のほかに、操作の範囲を限定した「編集者」「閲覧者」という権限も用意されています。当日のみサポートするスタッフや外部スタッフにこれらの権限を付与し、参加してもらう方法もあります。

❶「YouTube Studio」を表示し、左側メニューの［設定］をクリックして、「権限」にある［権限を管理］をクリックします。

❷［権限を管理］をクリックします。

❸右上の 📇 をクリックし、追加したいスタッフに招待メールを送ります。受け取ったスタッフがリンクから招待への承認を行えば、管理者としてチャンネル作成者とほぼ同等の操作が行えるようになります。

MEMO

同じ画面で管理者に設定したアカウントの右にある×をクリックすると、権限を削除することができます。

# 16 ライブ配信の台本・進行表を用意する

当たり前ですが、ライブ配信はやり直しがききません。短時間の配信でも、台本があれば、トラブルにも臨機応変に対応するなど、スムーズな進行が可能です。

## 台本を用意する

ライブ配信を行う際、台本が用意されていると、配信のテーマやコンセプトなどをスタッフ一同で共有することができます。たとえ短時間のかんたんな配信でも、おおまかな構成を考え、そこから具体的な台本に起こしていきましょう。

ライブ配信の基本の構成は、挨拶→導入→本題→コメント紹介、質問に回答するなどのプラスアルファ→まとめ→エンディングとなります。台詞はそのまま読めば伝わるように、しっかりと文章を作成しておきます。本番では一字一句、そのまま読む必要はありませんが、事前に文章化してスタッフ間で内容を協議しておくことで、誤解を招く表現や伝わりにくい表現などをチェックすることができます。また、配信中に突発的なトラブルがあった時には、台詞が用意されていると本筋に戻りやすくなります。棒読みにならないよう、アドリブの余地も残すことも大事です。

台本は、ExcelやWord、PowerPointなどを使って、時程と内容、スタッフの動きなどを書き入れます。評判のよかった動画の台本をテンプレート化して、使いまわすようにすれば、配信のリズムができてきます。

ライブ配信の長さは、個人の配信なら1〜2時間、企業による配信なら30分〜1時間ほどがベストだといわれています。設定した終了時間が過ぎても配信が強制的に終了されることはありませんので、延長することも可能です。とはいえ、ダラダラと長引かせるのは印象がよくありません。あくまでも予定通りの進行を心掛けましょう。

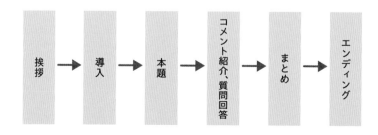

挨拶 → 導入 → 本題 → コメント紹介、質問回答 → まとめ → エンディング

# 進行表を用意する

　台本とは別に、出演者とスタッフの本番中の動きを一元管理する進行表を作成しておくと、やるべきことと、ほかのスタッフの動きが時系列で確認でき、進行がスムーズになります。進行表では、台本をもとに、出演者の動きや台詞に合わせて配信画面に映し出すスライドや画像、テロップなどのタイミングを書き入れておきます。変更が出た場合は、必ず全スタッフが共有し、進行表の内容を常に最新の状態に更新しましょう。進行表をもとにリハーサルを行えば、改善点の洗い出しもしやすくなります。進行表はポイントを押さえ、スタッフ全員にとってわかりやすいように作成しましょう。きっかけの台詞を入れることで、連携が取りやすくなります。

　また、配信中には視聴者から質問が出ることもあります。余裕を持って対応するために、視聴者からの質問やコメントを想定し、それぞれに対する回答をあらかじめ用意した問答集を作成しておくとよいでしょう。

| | 時間 | 内容 | 出演者アクション | | きっかけ台詞 | オペレーション | | |
|---|---|---|---|---|---|---|---|---|
| | | | 司会 | ゲスト | | 撮影 | 映像 | 音響 |
| 1 | 18:00 | オープニング、挨拶、発表者紹介 | オープニング挨拶 | | こんばんは〜●月●日●曜日　18時になりました。 | 話者を撮影 | 背景、イメージロゴ | オープニングBGM |
| 2 | 18:05 | 発表者による新製品の概要説明 | | 挨拶 | こちらが●●のスペックになります。 | 話者を撮影 | 途中スライドを挿入 | |
| 3 | 19:15 | 新製品を使ったデモと詳細の説明 | | 新製品の詳細を紹介 | 今回、実際に素材を入れてデモ稼働したいと思います。 | | カメラ切り替え、新製品をアップで撮影する映像を挿入 | |
| 4 | 19:30 | チャット欄に質問を書き込むよう呼びかけ、質問に回答しながら、新製品の機能をさらに紹介 | 新製品についての質問を募る | | それではこちらの新製品について、質問のある方、チャット欄にコメントの書き込みをお願いします。 | | ライブQ＆A、ライブアンケートなどチャット欄対応、コメントをテロップ入力 | |
| 5 | 19:45 | 紹介内容のまとめ、今後の展開などの紹介 | ゲストに振り | まとめを話す | それでは今回の配信のまとめを●●くんからお願いします。 | | まとめをテロップ表示 | |
| 6 | 19:50 | エンディング挨拶、チャンネル、SNSへの誘導、次回配信の予告 | エンディング挨拶とSNS誘導 | | | | チャンネル、SNS、次回配信日時をテロップ表示 | エンディングBGM |

# 17 ライブ配信のタイトルを用意する

タイトルと説明文は、視聴者にとって、見るかどうかを決める大きな判断材料になります。配信内容をプロモーションする役割を意識して作成しましょう。

## 人を呼び込むタイトルをつける

　ライブ配信において、タイトルは検索画面に表示されるほか、配信の待機画面にも表示されます。また、サムネイルにも大きく記載することになるはずです。魅力的なタイトルは、ライブ配信の告知やプロモーションに大いに役立ちます。視聴者の立場に立って、「見たくなるタイトル」を設定しましょう。

　タイトルは、配信内容がわかりやすく伝わることを意識して作成します。配信の企画内容とズレているタイトルをつけると、視聴者はガッカリして視聴の途中で離脱してしまうかもしれません。どんな情報がフックになるのかを考えた上で、配信内容に沿った内容のタイトルをつけましょう。また検索で上位表示するため、SEOを意識することも必要です。検索に使われそうなキーワードをタイトルに入れるなど、検索上位を狙う施策を行いましょう。

配信が始まるまで、動画プレイヤーの部分にサムネイルが表示される

配信タイトルが表示される

説明欄にはスケジュールを表示する

# 説明欄に情報を記入する

配信の待機画面で、配信タイトルの下に掲載されるテキストが「説明欄」です。通常は1行のみ表示されており、[もっと見る]をクリックすると、全体が表示されます。画像やリンクなどを入れ込むことができ、人気のチャンネルの「説明欄」を見ると、かなりの情報量が書き込まれています。なお、この「説明欄」は「概要欄」とも呼ばれますが、正確にはタイトル下に表示される文章は「説明欄」になります。「概要欄」は、チャンネルの「概要」のことを指します。

配信を見る目的で訪れた視聴者は、待機画面の説明欄から、配信についての情報を得ることができます。以下の項目を参考に、視聴者を呼び込む情報を書き入れましょう。説明欄の文章も、YouTubeやGoogle検索の対象となります。こちらもSEO対策を行い、検索結果にヒットしやすいキーワードを含めた文章を作成しましょう。また、配信の内容を詳細に解説しているWebサイトを用意している場合は、そのリンクを追加したり、チャンネルやSNSへのリンクを追加するのもよいでしょう。そのほか、過去動画へのリンクもあると丁寧です。もちろん、自身や会社のプロフィールも忘れずに掲載しましょう。

---

- ・関連するハッシュタグ
- ・配信の内容をかんたんに紹介
- ・より詳細な内容を掲載しているサイトへの誘導リンク
- ・チャンネルへのリンク
- ・TwitterなどSNSや関連するサイトのリンク
- ・過去動画へのリンク
- ・プロフィール

---

## Point » 説明欄に記入するハッシュタグ

ライブ配信の説明欄に記入するハッシュタグは、1つだけではなく3～4つ程度入れるとよいでしょう。検索にヒットする確率が上がります。なお、たくさん入れすぎるとそれだけで説明欄が埋まってしまうので、ある程度重要なキーワードに絞りましょう。

# 18 ライブ配信のサムネイルを用意する

ライブ配信のサムネイルは、検索一覧や待機画面に表示される重要な画像です。
配信内容がひと目でわかるものを用意しましょう。

## サムネイルを用意する

サムネイルとは、YouTubeの検索一覧に表示される小さな画像のことです。ライブ
配信の場合は、待機画面の動画プレイヤーのスペースにサムネイルが大きく表示されま
す。サムネイルは、動画の雰囲気や内容をダイレクトに伝え、視聴者がその動画を見る
かどうかを大きく左右する要素です。告知の意味も含め、配信内容を的確に伝えて興味
を引き出し、視聴者に好印象を持ってもらえるサムネイルを掲載しましょう。

サムネイルを作成するためには、①出演者の画像など内容を伝えるビジュアル、②
内容を伝える見出しやテキスト、③テキストや人物が映える背景画像を用意し、画像編
集ソフトで作成します。無料のデザインツールCanvaにあらかじめ用意されているサ
ムネイル用のテンプレートでも、十分に作成できます。

サムネイルの推奨サイズは、1280×720ピクセルです。16：9のアスペクト比で用
意します。ファイル形式はJPG、GIF、PNGなどに対応し、ファイルサイズは2MB以
内という制限があります。容量がオーバーしてしまったときはWebツール
「ImageResizer」などを使って、2MBまでサイズダウンします。

> **YouTubeのサムネイルサイズ**
> ファイル形式はJPG、GIF、PNG
> など。ファイルサイズは2MB
> 以内

サムネイルの推奨サイズは1280×720 ピクセル
最低ラインが640×360 ピクセル
推奨アスペクト比16：9

# Canvaを使う

　無料のデザインツール「Canva」（https://www.canva.com/ja_jp/）は、多様なフォントやフレーム、背景画像などのフリー素材が豊富に揃っており、サムネイル用のテンプレートも多彩です。テンプレートに手持ちの画像をはめ込み、テキストを変更するだけで作成できるので、画像編集の初心者であってもかんたんに使いこなせます。

無料のデザインツール「Canva」は、魅力的なテンプレートが豊富に用意されており、画像やテキストを差し替えれば、そのまま利用できる。

---

**Point »　ほかにもある！サムネイル作成に便利な無料アプリ・サービス**

Canvaのほかにも、サムネイル作成ができるアプリやサービスは多数あります。ここでは、無料で利用できる便利なアプリをいくつかご紹介します。

・Adobe Photoshopの簡易版が無料で使用できる
「Adobe Photoshop Express」（https://www.adobe.com/jp/products/photoshop-express.html）
・画像の背景を削除（透過処理）できる無料画像編集ソフト
「PIXLR」（https://pixlr.com/jp/）
・基本的な画像編集機能を備え、使い方がかんたん
「Photoscape」（http://www.photoscape.org/ps/main/index.php?lc=jp）
・Adobe Photoshop級の高機能画像編集が無料で行える
「GIMP」（https://www.gimp.org/）
・スマートフォンで撮影した画像のサイズ変更や加工がかんたん・無料
「Snapseed」（Android/iPhone対応スマホアプリ）
・個性的なフリーフォントでサムネイルをクオリティアップ
「designAC」（ https://www.design-ac.net/articles/）

## 19 ライブ配信のテロップを用意する

配信画面にテロップを挿入することで、ライブ配信で伝えたいポイントを強調することができます。

## テロップを用意する

「OBS Studio」などのエンコーダアプリと連携して行う「エンコーダ配信」では、配信画面にテロップや画像を挿入することができます。テレビ番組のように出演者の台詞を強調するテロップを表示することで、内容が伝わりやすくなります。また、画面が華やかになり、視聴者に「面白い」と感じてもらいやすくなります。

テロップは、エンコーダアプリであらかじめ入力しておいた文字が配信画面に表示されます。リアルタイムで文字を入力して表示することもできますが、配信中にそこまで行うのはなかなか困難です。台本に沿って、テキストやオブジェクトを事前に準備しておくことが重要になります。

P.61で作成した台本に、下記の表を参考にテロップ内容とテロップ番号を追加しておきましょう。こうすることで、テロップの担当者が適切なタイミングで挿入することができます。

| シーン番号 | 時間 | 内容 | 台詞 | テロップ番号 | テロップ内容 |
|---|---|---|---|---|---|
| | | 商品紹介 | ■○○<br>こちら弊社の新製品「●●●●」になります。昨年度発売しました「●●●」の改良版になるのですが、改良版といってもだいぶ見た目も内容も変わっております。 | 5 | 「●●●●」<br>●月●日発売 |
| | | | こちらのスペックは■■■ | 6 | ■■■<br>■■■■<br>■■■ |

066

# テロップのフォントを工夫する

　テロップの文字を見やすくするためには、フォントを工夫する必要があります。OSに標準で搭載されているフォントの中では、「ヒラギノ角ゴシック」がよく使われています。また、画面映えするフォントを使うと、より画面が引き締まります。「源ノ角ゴシック」「源暎フォント」「M+」「ルイカ」など、癖のない、読みやすいゴシック体フォントは、YouTubeでもよく使われています。いずれも無料で利用できます。「FONT FREE」など、フリーフォントを集めたサイトも多数あるので、チェックしてみましょう。

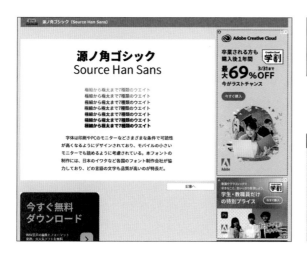

フリーソフト配布サイト「窓の杜」からダウンロードできる「源ノ角ゴシック」

MEMO

フォントによっては、作成者クレジットの記載が必要なものもあります。権利処理がフォントごとに異なるので、使用前に必ず確認してください。

ダウンロードしたフォントを右クリックし、[インストール]をクリックすればフリーフォントのインストールは完了です。

# ライブ配信のフレームを用意する

フレームとは、ライブ配信の枠組みのことです。この枠にはロゴやテロップなどを組み込むことができます。

## フレームを用意する

　ライブ配信の画面は、出演者が話しているのをそのまま映すだけでは味気なくなりがちです。YouTube Liveでは、エンコーダアプリと連携することで、配信画面にカラフルな枠をつけたり、企業ロゴや商品写真、イラストなどを重ねたりすることができます。こうした効果はフレーム（またはオーバーレイ）と呼ばれ、さまざまな配信で活用されています。フレームを使うことで、特徴のある配信画面になり、視聴者に覚えてもらいやすくなります。フレームのしくみは、枠やイラストの画像ファイル（静止画像）を配信画面上に映しているだけのシンプルなものです。たとえば以下のような画面構成にしたい場合、4つのフレームを作成し、エンコーダアプリ上で表示・非表示を切り替えて使います。

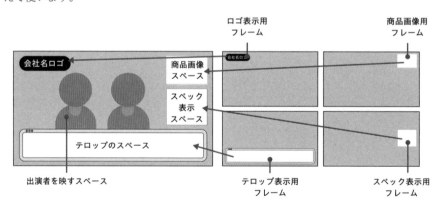

# フレームを作成する

　フレームは、画像編集ソフトなどを使って自分で作成する方法と、あらかじめ用意されたフレーム素材を利用する方法があります。自分で作成する場合は、フリー素材の背景画像に単色の図形を挿入し、「Adobe Photoshop」や「GIMP」、Webツール「PIXLR」(https://pixlr.com/jp/) といったソフトを使って図形の部分を透明にします。無料のWebサービス「peko☆step」も便利です。

　「Pngtree」「illustAC」「Telop.site」のように、無料でフレームのテンプレート素材を配布しているサイトもおすすめです。

◀ Pngtree

◀ illustAC

◀ Telop.site

# 21 スマートフォンから配信する

YouTube Liveでは、スマートフォンから配信することもできます。しかしパソコンからの配信とは異なり、利用のための条件が存在します。

## モバイル配信とは

　YouTube Liveでは、一定の条件を満たした場合にスマートフォンから配信を行うことができます。それがモバイル配信です。2023年5月現在、以下のような条件が設定されています。

> **モバイルでライブ配信を行うための条件**
> ・チャンネル登録者数が 50 人以上
> ・過去 90 日以内にチャンネルにライブ配信に関する制限が適用されていない
> ・ライブ配信を有効にしている
> ・Android 5.0 以降のデバイスもしくはiOS 8 以降のデバイス

　なお、登録者数が50人以下であっても、スマートフォンでYouTube Liveを行う方法があります。それは、スマートフォンアプリ「Vteacher（https://vteacher.online/）」（Android/iPhone対応）を利用する方法です。設定は少々難しいものの、無料で利用することができます。すべての機能を使う場合には、月額1,080円のサブスクリプションサービスへの加入が必要です。

◀ Vteacher

## スマートフォンから配信する

「Vteacher」を使って、スマートフォンから配信する手順を解説します。あらかじめ「Vteacher」のアプリをスマートフォンにインストールしておきましょう。

❶「Vteacher」アプリを起動し、[ライブ配信]をタップします。

設定なし

ライブ配信の設定をする

❷[ライブ配信の設定をする]をタップします。

配信先：YouTube

配信先：それ以外

❸[配信先：YouTube]をタップして、Googleアカウントを同期します。

✕

ライブ配信

現在の設定ですぐに始める

❹手順❷の画面に戻り、[現在の設定ですぐに始める]をタップします。

# COLUMN

## ライブ配信までのスケジュール

ライブ配信を行う場合は、約2カ月前から企画を立て始めると、余裕を持って進めることができます。継続的にライブ配信を行う場合は、年次計画を立て、この先1年間の配信内容やテーマを決めて準備をすると、作業が効率的に進められます。

| スケジュールの目安 | 内容 |
| --- | --- |
| 2カ月前 | 企画内容の打ち合わせ<br>配信日時の決定 |
| 6週間前 | 台本の作成、サムネイル画像や配信時に使用するスライドや画像、導入、エンディングで流す映像やBGM、効果音などの準備の着手 |
| 5週間前 | 台本のチェック、修正<br>SNSなどでの告知用原稿、イメージ画像を制作<br>YouTube Liveで配信予約を行い、告知用URLを取得 |
| 4週間前 | 本番用機材の選定と準備<br>インターネット環境の確認<br>待機所を公開、SNSでの告知をスタート |
| ～1週間前 | 配信開始まで待機所のサムネイル画像を変更<br>チャットへのコメントがあればフォロー準備 |
| 2週間前まで | 配信本番で使うスライド、動画、テロップ、フレームなどの作成完了<br>当日運営スタッフの打ち合わせ |
| 1週間前 | リハーサル、配信テスト（配信テスト用URLで行う） |
| 当日 | 配信前のインターネット環境の再確認、再度配信テスト（配信テスト用URLで行う）<br>配信本番は視聴者からのコメントフォローを実施<br>エンディングでチャンネル、SNSへ誘導と次回配信の予告を行う |
| 後日 | アーカイブ配信開始、チャット、SNSへのフォロー |

第 **3** 章

YouTubeで
Webカメラ配信をする

# Webカメラ配信とは

最小限の準備で手軽に行うことのできるWebカメラ配信は、工夫次第でビジネスユースでも十分活用できます。

## Webカメラ配信のしくみ

　YouTube LiveのWebカメラ配信は、Webカメラで撮影した映像をそのまま配信する、シンプルなライブ配信の方法です。パソコンの知識があまりない初心者でも、手軽に始めることができます。Webカメラ配信は、少人数の出演者によるトークや講演、セミナーなどに向いています。スライド資料の画面共有やテロップの追加、配信画面に画像を映すといった複雑なことはできません。

　それでも、チャット機能を活用することで、視聴者からのコメントに回答して交流を深めることができます。テロップの代わりに文字をボードに手描きで書いて見せるなどの工夫によって、情報を強調することも可能です。工夫次第で、充実したライブ配信が行うことができます。

　ライブ配信を行ったあとは、自動的にアーカイブが作成され、配信と同じURLで見てもらえます。「YouTube Studio」のエディタ機能を使って、かんたんな編集を行うこともできます。

# Webカメラ配信に必要な機材

　Webカメラ配信は、パソコンに内蔵されているWebカメラとマイクを使って行うことができます。しかし、ある程度の画質・音質を確保したい場合は、外付けのWebカメラ、三脚、ヘッドセットもしくはマイクの導入をおすすめします。

　外付けのWebカメラは、「動画配信向け」のアイテムがおすすめです。解像度の目安はフルHD（1080P）、フレームレートは30fps以上、オートフォーカス機能、三脚に固定できるタイプがよいでしょう。価格の目安は6,000円〜3万円程度です。

　ビデオカメラやデジタルカメラを所有しているなら、ビデオキャプチャーユニットを別途用意すれば、ライブ配信に利用することができます。ビデオキャプチャーユニットは1〜2万円前後で購入でき、カメラとパソコンをつないで配線するだけで使えます。Webカメラに比べて高画質な映像が撮影できるので、カメラをお持ちの方は導入をおすすめします。

　三脚も必須です。Webカメラやデジタルカメラを固定して撮影すれば、カメラアングルの選択肢も広がりますし、安定した撮影が可能です。

　音声の聞きやすさは、ライブ配信においてもっとも重要です。Web会議で使用するヘッドセットも使用できますが、USB接続タイプの単一指向性のマイクを選ぶと格段に音質がよくなり、聞きやすくなります。マイクは、3,000円〜1万円程度まで幅広く販売されています。

　また、ライブ配信には安定したインターネット環境が必要です。最低でも実測で上り30Mbps程度のインターネット速度を確保し、Wi-Fi接続ではなく、有線LANケーブルでルータに直接接続することが望ましいです。モバイルWi-Fiやポケット型のWi-Fiは安定性に欠くため、おすすめできません。

　加えて、複数のスタッフで運用する場合は、配信用、チャット対応用、YouTubeプレビュー用など用途ごとに複数台のパソコンを用意し、それぞれ異なる人員で確認・管理すると、配信が滞りなく行えるでしょう。このほか、出演者が配信のプレビューやチャットを見られるよう、出演者の目線の位置にパソコンかタブレットを設置するとよりスムーズです。

# 23 ライブ配信を設定する

Webカメラ配信の設定は、初心者でもかんたんに行えます。配信の内容に合わせて細かな設定を行うことで、スムーズな配信を実現しましょう。

## ライブ配信の設定項目

　YouTube LiveのYouTube Studioで、ライブ配信を行うための設定項目は「詳細」「カスタマイズ」「公開設定」の3つに分かれています。「詳細」ではタイトルやサムネイル、視聴者の設定を、「カスタマイズ」では主にチャットに関する設定を行い、「公開設定」では配信の公開範囲と日時を設定します。配信に使うWebカメラやマイクの選択は、設定の最後に表示される「ストリームのプレビュー」画面で行います。「ストリームのプレビュー」画面下の[ライブ配信の開始]をクリックすると、ライブ配信をすぐに始めることができます。

　設定項目はすべてあとから変更することが可能ですが、「公開設定」で「公開」を選択している場合は、設定した内容で公開されてしまいます。公開範囲を「非公開」に設定して、再確認や変更を行ったあと、任意の公開範囲を選択するようにしましょう（詳細はP.88を参照）。

ライブ配信の設定を行うには、YouTubeサイトもしくは「YouTube Studio」のページの右上にある⊞から、[ライブ配信を開始]をクリックします。ライブ配信の設定をはじめて行う場合は、最初にカメラやマイクへのアクセス許可と、「ライブ配信へのアクセスのリクエスト」が表示されます。また、あらかじめP.53の方法で「ライブ配信の申請」を行っておく必要があります。申請許可が下りるまで最大24時間かかりますので、事前に配信設定を行っておきましょう。ライブ配信の申請は、チャンネルごとに必要です。

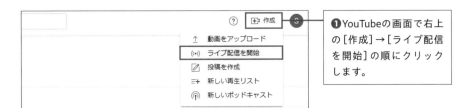

❶YouTubeの画面で右上の[作成]→[ライブ配信を開始]の順にクリックします。

⚠

ライブ配信へのアクセスのリクエスト

リクエストが行われてからライブ配信にアクセスできるようになるまで、最大で24時間かかる場合があります

リクエスト

❷はじめてYouTube Studioで配信する場合は[リクエスト]をクリックし、最大で24時間後から配信することができます。

新しい YouTube ライブ管理画面へようこそ
ライブ配信をいつ開始しますか？

今すぐ

ライブ配信を今すぐ設定します。設定は配信開始前に再確認できるので、ご安心なく。
詳細                                  開始

後で

後で配信するようにスケジュールを指定します。前もって設定を行うことができます。
詳細                                  開始

❸今すぐ配信する場合は「今すぐ」の[開始]、スケジュールを設定して配信したい場合は「後で」の[開始]をクリックします。ここでは、「今すぐ」の[開始]をクリックしています。

内蔵ウェブカメラ 初心者のクリエイターにおすすめ
設定の必要はありません。既存のウェブカメラを使って簡単に配信を開始できます。
詳細                                  選択

❹「内蔵ウェブカメラ」の[選択]をクリックします。

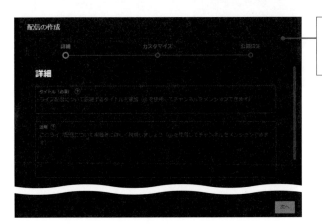

配信の作成

詳細            カスタマイズ            公開設定

詳細

タイトル（必須）
ライブ配信について説明するタイトルを追加（@を使用して、チャンネルをメンションできます）

説明
このライブ配信について視聴者に説明しましょう（@を使用してチャンネルをメンションできます）

次へ

❺Webカメラ配信の設定ウインドウが表示されます。

# ライブ配信の各種設定

　Webカメラ配信の設定ウインドウを表示したら、各種設定を行っていきます。設定画面は、「詳細」「カスタマイズ」「公開設定」の3つに分かれています。必ず設定しなければならない項目が空欄になっていると、注意画面が表示されます。設定の詳しい方法については、P.80から解説を行います。ここでは、おおまかな流れを知っておきましょう。

❶P.77の方法で、Webカメラ配信の設定ウィンドウを表示しておきます。

❷「詳細」では、配信タイトルや説明、サムネイルなどの設定を行います。

❸画面を下にスクロールし、「視聴者」を設定します。

❹［次へ］をクリックします。

❺「カスタマイズ」は基本的には
そのままでも大丈夫ですが、必
要に応じて設定を変更します。

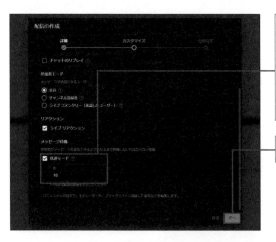

❻画面を下にスクロールし、必
要に応じて「低速モード」を設定
します。次のコメントを入力す
るまでの秒数を設定することで、
視聴者が連続でコメントできな
くなります。

❼[次へ]をクリックします。

❽「公開設定」を設定します。

❾配信を開始する日時を設定し
ます。

❿[完了]をクリックすると、配
信の設定が完了します。

# 24 タイトル・説明・カテゴリを設定する

YouTube Studioの設定画面で、「詳細」の「タイトル」「説明」「カテゴリ」を順に設定していきましょう。

## タイトルと説明を設定する

「詳細」画面の「タイトル」には、ライブ配信のタイトルを入力します。必須事項のため、入力しないと次の設定に進めません。決まっていない場合は仮のタイトルを入力しておき、P.88の「公開設定」で「非公開」を設定して、あとから変更を行いましょう。

「説明」の入力は必須ではありませんが、1人でも多くの視聴者に見てもらうため、配信内容の紹介を掲載しましょう。配信が始まる直前まで、情報を書き足したり書き換えたりして、告知に活用しましょう。

「ライブ配信の方法」では、「ウェブカメラ」を選択します。

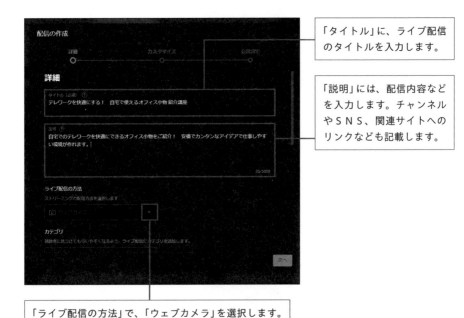

「タイトル」に、ライブ配信のタイトルを入力します。

「説明」には、配信内容などを入力します。チャンネルやSNS、関連サイトへのリンクなども記載します。

「ライブ配信の方法」で、「ウェブカメラ」を選択します。

## カテゴリを設定する

「カテゴリ」の設定は、非常に重要です。配信内容に沿った適切なカテゴリを選択することで、YouTubeの検索結果に表示されやすくなります。また、チャンネルが収益化できるようになると、動画のカテゴリに合わせた広告が表示されるようになるため、広告収入を伸ばせる可能性も上がります。

カテゴリの選択に迷ったら、YouTubeの類似のライブ配信や人気動画のカテゴリを調べて、参考にしてみましょう。「Google Developers」(https://developers.google.com/)のYouTubeデータAPIを使って、ほかの動画のカテゴリを調べることができます。

◀ ライブ配信のカテゴリには、さまざまなジャンルが用意されています。自分の配信に合っているカテゴリを選択しましょう。

---

### Point » YouTube動画のカテゴリの調べ方

「Google Developers」で動画のカテゴリを調べる方法は、同ページで [YouTube] をクリックし、上のメニューにある [ガイド] → [YouTube Data API] の順にクリックします。上のメニューの [リファレンス] をクリックし、[動画 (Videos)] → [リスト (list)] の順にクリックします。下にスクロールして「part」に「snippet」、「id」に調べたい動画のID (YouTubeのURLの「v =」のうしろにある文字列) を入力し、「Google OAuth 2.0」のチェックを外して、[EXECUTE] をクリックすると、「categoryId: "●●"」という形で番号が表示されます。カテゴリは15種類ありますが、「映画とアニメ」は「1」、「ゲーム」は「20」、「ハウツーとスタイル」は「26」など、番号が決まっています。詳しくは「YouTubeカテゴリ一覧」で検索し、最新のID一覧を入手しましょう。

# 25 サムネイル・再生リスト・視聴者を設定する

設定ウィンドウの「詳細」画面を下方向にスクロールすると、「サムネイル」「再生リスト」「視聴者」の設定を行えます。

## サムネイルを設定する

　「詳細」画面の「サムネイル」では、検索結果や待機所の画面に表示される画像の登録を行います。サムネイルのサイズは、最低でも640×360ピクセルは必要で、アスペクト比は16：9、ファイルサイズは最大2MBまで、ファイル形式はJPG、GIF、PNGなどです（詳細はP.64を参照）。サムネイルは配信の告知・宣伝に非常に役立ちますので、必ず設定しましょう。

❶「サムネイル」で［サムネイルをアップロード］をクリックすると、ファイルを選択するウインドウが表示されます。任意のファイルを指定して、［開く］をクリックします。

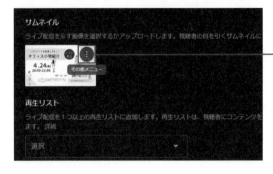

❷指定した画像が表示されます。画像の右上をマウスオーバーして❶をクリックすると、画像の変更やダウンロードが行えます。

# 再生リストを設定する

　「再生リスト」は、YouTubeチャンネル上で複数の動画をまとめて管理し、一度に連続して再生することができる機能です。再生リストには、ブックマークのように活用する「個人用リスト」と、一般に公開する「公開リスト」があります。「詳細」画面の「再生リスト」で公開リストを指定しておけば、配信を見逃した視聴者にも再生リストを通して見てもらうことができます。また、ほかの動画と同じ再生リストに追加したり、ライブ配信のアーカイブをまとめた再生リストを作成したりすることで、ライブ配信の認知度を上げ、チャンネル全体の視聴数を増やす効果も期待できます。

　なお、限定配信でライブ配信を行う場合、公開リストに追加するとリストを通して誰でも見られるようになってしまうため、注意が必要です。

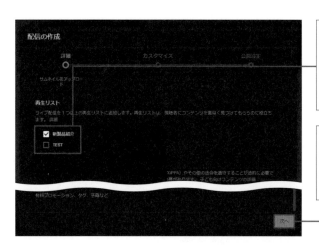

❶チャンネル内ですでに作成された再生リストが表示されます。追加したいリストをクリックして、指定しましょう。

❷再生リストを指定したら、画面を下にスクロールして、[次へ]をクリックします。

# 視聴者を設定する

　「詳細」画面の「視聴者」では、ライブ配信の内容が子ども向けかどうかを設定します。この設定は、必ず行う必要があります。「子ども向け」を選択したライブ配信ではチャットが使えなくなり、パーソナライズド広告をつけられなくなるなど、できないことが増えてしまいます。幼児や小学生を対象に行う配信でなければ、「いいえ、子ども向けではありません」を選択します。

## MEMO

YouTubeでは、13歳未満の子どものライブ配信は許可されていません（大人の同伴が明らかな場合は除きます）。これに違反すると、一時的もしくは永久にライブ配信の利用が停止になる可能性があります。

# 26 チャット・参加者モード・低速モードを設定する

「カスタマイズ」画面では、「チャット」「参加者モード」「メッセージ待機」の設定を行うことができます。

## チャットを設定する

　「カスタマイズ」画面では、最初に「チャット」と「チャットのリプレイ」のオン・オフの設定を行います。「チャット」は、ライブ配信中にチャット欄を使用する場合はオンにします。チャットの必要がない場合は、チェックを外しましょう。その場合、待機画面およびライブ配信のチャットスペースに「このライブストリームではチャットは無効です」と表示されます。

　「チャットのリプレイ」は、ライブ配信中に投稿されたコメントを再現しながら、アーカイブを視聴できるようにするため機能です。ライブ配信が終了したあと、配信の様子は自動的にアーカイブ保存され、配信と同じURLで動画として見られるようになります。初期設定ではチェックが外れているので、リプレイを活用したい場合はチェックを入れましょう。

「カスタマイズ」の「チャット」は、初期設定でチェックが入っています。チェックを外せば、チャット欄は非表示になります。

# ライブ配信中でもチャットはオン・オフできる

　インターネットでは、心ない荒らし行為による妨害がつきものです。ライブ配信でも、悪意あるメッセージや不快にさせるメッセージが投稿されることがあります。手作業で不適切なメッセージを非表示にすることもできますが、間に合わない場合もあります。YouTube Liveでは、ライブ配信の本番中にチャットのオン・オフを自由に切り替えることができます。あまりにも荒らし行為が酷い場合には、いったんチャットをオフにする方法もあります。

❶ライブ配信画面の右下にある[編集]をクリックします。

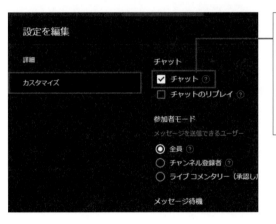

❷「設定を編集」画面で、[カスタマイズ]をクリックします。「チャット」にチェックを入れるとライブ配信画面でチャットが使えるようになり、チェックを外すとチャットが使えなくなります。

---

## Point » 自動フィルタ

このほか、「YouTube Studio」の[設定]→[コミュニティ]の「自動フィルタ」タブには、近年増えている不正URLの書き込みを禁じる「リンクのブロック」や、ブロックする単語を事前登録する機能が備えられています。同じく「コミュニティ」の「デフォルト」タブでは、不適切なメッセージを自動検出してチャットへの表示を保留する機能もあります。視聴者と快適にコミュニケーションできるよう、いろいろな工夫をして実情に合った対策を行いましょう。

# 参加者モードを設定する

「カスタマイズ」画面の「参加者モード」では、チャットを行うことのできるユーザーを制限することができます。YouTube Liveでは、「公開設定」を利用して視聴者を限定してライブ配信を行うことが可能ですが (P.88参照)、「参加者モード」では、限定した視聴者のみがチャットにメッセージを投稿できるしくみになっています。

「参加者モード」には、「全員」「チャンネル登録者」「ライブコメンタリー」の3つのモードがあります。「全員」は、誰でもチャットに投稿できます。「チャンネル登録者」は、配信者のチャンネルに「チャンネル登録」をしたユーザーのみが投稿できます。

「ライブコメンタリー」は、配信者に承認されたユーザーだけがチャットに投稿できる設定です。ユーザーのYouTubeチャンネルのURLを追加することで、チャットへの投稿を承認できます。YouTubeチャンネルを持っていないユーザーは、YouTubeのサイトでプロフィールアイコン→[チャンネル作成] の順にクリックしてチャンネルを作成すれば、チャットに参加してもらえるようになります。

❶ [ライブコメンタリー] をクリックすると、下に [承認済みのユーザーを追加] が現れるのでクリックします。

❷ チャンネルの「自動フィルタ」の設定画面が表示されます。「承認済みのユーザー」に、チャットへの書き込みを承認するユーザーのURL (チャンネルのURL) をコピーして貼り付けます。

# 低速モードを設定する

「カスタマイズ」画面の「メッセージ待機」では、視聴者がメッセージを投稿してから、次の投稿を行うまでの待機時間を設定します。同じ視聴者からの連投を防ぐ対策として有効です。投稿のスピードが強制的にゆっくりになるため、同じ視聴者が同じメッセージを短時間に何度も投稿することによる荒らし行為を防ぎ、悪意あるメッセージの削除やユーザーのブロックなどの作業もしやすくなります。

「低速モード」にチェックを入れ、次のメッセージが書き込めるようになるまでの待機時間を1 ~ 300（秒）の間で指定します。低速モードを有効にすると、チャット欄には「低速モードが有効です。●秒ごとにメッセージを送信します」と表示されます。60秒程度に設定すれば、視聴者も違和感を抱かずにチャットを利用できるでしょう。

❶「低速モード」にチェックを入れ、下のボックスに数値を入力します。

❷ 画面を下にスクロールして、［次へ］をクリックします。

---

**Point** » **不適切なメッセージを保留して承認制にする**

---

YouTube Liveでは、不適切なメッセージを保留して承認制にすることも可能です。YouTubeサイトの右上にあるプロフィールアイコン→［YouTube Studio］の順にクリックして「YouTube Studio」を表示し、［設定］をクリックします。設定ウインドウの［コミュニティ］をクリックし、「デフォルト」タブにある「チャットのメッセージ」にチェックを入れると、スパムリンクが含まれたメッセージや不快なワードが含まれたメッセージのチャットでの表示を保留し、配信者が承認したメッセージのみを表示することができます。

# 27 公開範囲と配信日時を設定する

最後の「公開設定」画面では、ライブ配信を視聴できる視聴者の範囲と配信日時を設定します。

## 公開範囲を設定する

配信設定の最後に行うのが、「公開設定」です。「公開設定」には「公開」「限定公開」「非公開」の３つの範囲が用意されており、配信を見ることのできる視聴者を限定することができます。

「公開」は、ほかのYouTube動画と同様、誰でも見ることができます。YouTubeの検索結果や関連動画一覧にも表示されますので、なるべく多くの人に見てほしい場合や、視聴者数、チャンネル登録者数を増やしたい場合に効果的です。

「限定公開」は、配信のURLを知っている人のみが視聴できます。YouTubeの検索結果には表示されません。配信URLをメールで送付したり、Facebookや自社プレスサイトなど、限られたグループが閲覧する場所で告知したりするなどの方法で、限定的なユーザーに絞って見てもらうことが可能です。配信URLを知っていれば誰でも閲覧できるため、URLが流出しないよう、告知の際に注意喚起を行うことが必要です。

「非公開」は、指定したGoogleアカウントのユーザーのみが視聴できます。管理者が承認したユーザーしか視聴できないため、配信のURLが流出しても、未承認のユーザーは視聴できません。社内イベントや会社説明会、プレス発表などの場合は、配信側が承認した人のみが視聴できるように、「非公開」で配信を行うことがあります。

限定公開、非公開で配信を行うメリットは、限られた視聴者にのみ訴求できることに加えて、チャット対策が挙げられます。公開配信の場合、リアルタイムで行うライブ配信では、視聴者の数が増えれば増えるほど、不適切なコメントの書き込みが行われがちです。手作業で削除するのにも限界があり、何よりも不適切なコメントによって視聴者が不快に感じれば、配信から離脱してしまうことにもつながりかねません。

なお、公開範囲はあとからの変更が可能です。変更する可能性がある場合は、最初に「非公開」や「限定公開」にしておくとよいでしょう。それにより、一部の人への配信をすることになった場合に、全員に公開して配信をしてしまう失敗がなくなります。

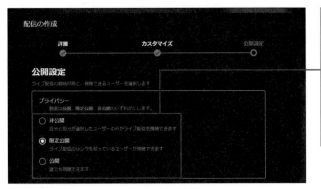

「非公開」「限定公開」「公開」のいずれかを選択します。あとから変更できるので、設定の変更が起こりそうな場合は、「非公開」もしくは「限定公開」に設定しておきます。

◎ 3つの公開設定の違い

|  | 公開 | 限定公開 | 非公開 |
|---|:---:|:---:|:---:|
| URL 共有 | ○ | ○ | × |
| YouTube 検索結果、関連動画、おすすめへの表示 | ○ | × | × |
| チャンネルセクションへの追加 | ○ | ○ | × |
| チャットへの投稿 | ○ | ○ | × |
| 登録チャンネル、フィードに表示 | ○ | × | × |
| チャンネルに表示 | ○ | × | × |

## 配信日時を設定する

次に「公開設定」の「スケジュール」で、ライブ配信の日時を設定します。日付と時刻を設定し、「完了」をクリックします。ここで設定した日時は、あとから変更することができます。

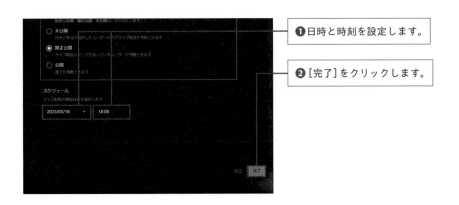

❶日時と時刻を設定します。

❷[完了]をクリックします。

## 28 サムネイルを確認する・カメラ／マイクを設定する

設定の最後に、サムネイルの確認と、カメラ／マイクの設定を行いましょう。

## サムネイルの確認・カメラ／マイクの選択

　主要な設定を終えると、「ストリームのプレビュー」が表示されます。ここではアップロードしたサムネイルがきちんと表示されているか、選択したカテゴリや配信日時、公開設定にまちがいがないかを確認します。

　サムネイル画像の一部が切れていたり、画質があまりよくない場合は、サムネイルをマウスオーバーし、「カスタムサムネイルをアップロード」から、修正したサムネイル画像を再度アップロードします。なお、サムネイルの右下にある [編集] をクリックすると、設定項目全般を修正できるウインドウが表示されます。

　ライブ配信に使用するカメラ、マイクは、「ストリームのプレビュー」画面下から選択します。ライブ配信で使用するWebカメラやマイクをパソコンに接続し、ここから選択しておきましょう。ライブ配信を実際に開始する際にもこの画面が開くので、そのタイミングでもあらためてカメラ、マイクの設定を確認します。カメラ、マイクの設定を行い、画面右下の [完了] をクリックすれば、Webカメラ配信の設定は終了です。

# 29 告知用URLを取得する

配信URLは、告知を目的としてメールやTwitterなどのSNSに貼り付け、送信することができます。

## 告知用URLを取得する

　「ストリームのプレビュー」の左下にある [共有] をクリックすると、配信URLを告知するための「ライブ配信の共有」ウインドウが表示されます。ウインドウ下の「動画リンク」が、設定したライブ配信のURLになります。「メール」や「Twitter」などのアイコンをクリックすると、各ウインドウが現れて、配信URLを送付することができます。

　「動画リンク」のURLにアクセスすると、待機画面が表示されます。チャットの設定やサムネイルの表示、タイトルや説明欄などを確認しておくとよいでしょう。各種設定の変更は、ライブ配信管理画面の「管理」の一覧、もしくは「YouTube Studio」の [コンテンツ] → [ライブ配信] から行うことができます (P.102参照)。

❶「ストリームのプレビュー」画面で [共有] をクリックします。

❷ 🗐 をクリックすると、クリップボードに配信URLがコピーされます。

## 30 Webカメラ配信を開始・終了する

Webカメラ配信では、ライブ配信の開始日時を設定していても、自動的に始まるわけではありません。手動で開始する必要があります。

## Webカメラ配信を開始する

Webカメラ配信のライブ配信は、「YouTube Studio」の「管理」から「ライブ配信」を開き、手動で開始の操作をする必要があります。配信の待機画面には、配信が始まるまでの残り時間が表示されています。設定した開始時間を過ぎてもライブ配信が始まらないと、カウントダウンに「○○を待っています」と表示されてしまいます。オンタイムでスタートするよう心掛けましょう。

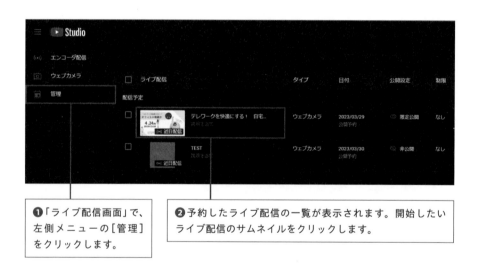

❶「ライブ配信画面」で、左側メニューの[管理]をクリックします。

❷予約したライブ配信の一覧が表示されます。開始したいライブ配信のサムネイルをクリックします。

❸[ライブ配信を開始]をクリックすると、ライブ配信がスタートします。

# Webカメラ配信を終了する

　ライブ配信を終了するには、配信画面下部にある [ライブ配信を終了] をクリックします。すると、配信が終了し、自動的にアーカイブが作成されます。ブラウザを閉じたりパソコンをシャットダウンするだけでは配信を終了できず、アーカイブも作成されません。必ず [ライブ配信を終了] をクリックして配信を終了しましょう。

　すべての配信が終了したら、「YouTube Studio」の [コンテンツ] → [ライブ配信] タブを確認しましょう。サムネイルに「配信中」と表示されている場合は、配信が正しく終了されていません。再度配信画面を開き、[ライブ配信を終了] をクリックして配信を終了させます。

❶配信中のライブ配信を終了するには、[ライブ配信を終了] をクリックします。

❷[終了] をクリックするとライブ配信が終了し、自動的にアーカイブが作成されます。

# 31 事前にリハーサルを行う

ライブ配信には、事前のリハーサルが欠かせません。台本の読み合わせをするだけでなく、リハーサル用にクローズドなライブ配信を行いましょう。

## テスト配信とリハーサルの必要性

　ライブ配信では、事前にリハーサルを行うことで、本番でのスムーズな配信を実現できます。リハーサルでは、本番と同じ環境で実際にライブ配信を行い、ネットワーク環境や機器に問題がないかをチェックします。音声が途切れたり画面が乱れたりする場合は、配信を行う場所を変える必要があるかもしれません。技術面の確認として、インターネット回線、カメラ、マイクなどの機材をチェックし、想定されるトラブルに備えます。出演者やスタッフも参加し、配信の流れを確認し、トラブルに備えた対応策を整理しておきましょう。

　リハーサルを行う場合は、リハーサル用の配信を設定し、公開設定は「限定公開」にしましょう。「限定公開」であれば、配信URLから告知しない限り、クローズドな状態で行うことができます。

　リハーサルでは、映像と音声のクオリティをチェックしましょう。ライブ配信画面では音声がモノラルミックスに変換されてしまうため、別のパソコンでライブ配信の動画リンクを取得し、視聴者と同じ条件でYouTube上で確認します。特に音声の聞きやすさは重要なので、マイクの位置調整などを行ってください。

　リハーサルで行った配信は、アーカイブとして確認することができます。アーカイブを分析することで、段取りや台本、技術面での改善点が見つかります。リハーサルで使用した配信のアーカイブは、閲覧できないように公開設定を「非公開」に設定します。確認後は、YouTube上から完全に削除しておきましょう。

本番用の配信URLと取り違えないように、タイトルを「テスト配信」などに設定して実行します。

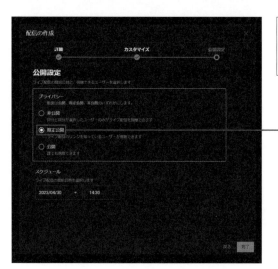

リハーサルは、「公開設定」を[限定公開]に設定して行いましょう。

リハーサル終了後は、アーカイブを「非公開」に設定します。

# 32 視聴者と交流する

質問に口頭で対応したり、配信者から意見を求めたりするなど、チャットを活用して交流を深め、次のライブ配信の視聴やチャンネル登録につなげましょう。

## ┃チャット

　「チャット」機能は、視聴者との双方向のコミュニケーションを促進するための重要な機能です。視聴者の投稿に出演者が返信したり、感謝の意を示したりすることで、ライブ感が高まって活気ある配信になります。投稿時にはGoogleアカウント名が表示されますので、投稿を取り上げる際には視聴者の名前を呼びかけることで、より直接的なコミュニケーションを取ることができます。

　口頭で返答する場合には、配信の進行を妨げないよう、適切な返答をすばやく行うことが重要です。事前に予想される質問内容を想定し、返答を文章化して想定問答集を作成しておくことで、本番にも対応しやすくなります。

❶ライブ配信のカスタマイズ設定で、「チャット」項目の「チャット」をオンにします。

❷[保存]をクリックします。

❸YouTubeの配信管理画面の右下に、チャットウィンドウが表示されます。視聴者からのチャットが送信されると、時系列順に表示されます。

# スーパーチャット

「スーパーチャット (Super Chat)」は、ライブ配信中にチャット欄を使って、視聴者が配信者に寄付をすることができる機能です。視聴者は「寄付する」ボタンをクリックして金額を選択します。支払い金額は100円から5万円までで、支払う金額に応じて表示される文字数や、投稿が固定表示される時間の長さが変わります。さらに、「スーパーステッカーズ (Super Stickers)」機能を使えば、アニメーションスタンプをメッセージにつけて、さらに目立たせることができます。

「スーパーチャット」と「スーパーステッカーズ」は、チャンネルの収益化が有効になっている場合にのみ利用できます。また、子ども向けの配信や限定公開の配信、チャットをオフにしている配信では利用できません。

これらの機能を利用して投稿されたメッセージは、視聴者が有料で投稿したものであるため、配信者は優先的に対応する必要があります。視聴者のユーザー名やチャット内容を読み上げて感謝の気持ちを伝え、丁寧にやり取りをしましょう。

視聴者が「スーパーチャット」や「スーパーステッカーズ」を送った場合、YouTubeや金融機関に支払う手数料が差し引かれた約50〜70%ほどの額が収益となります。収益は、YouTubeの広告収入とともに「Google AdSense」を経由して支払われます。8000円以上の収益が集まると、振込手続きが行われます。

YouTubeの「チャンネルの収益化」メニューで、「Supers」の［開始する］をクリックしてスーパーチャットを有効にしておきます。

# 33 アーカイブを確認・削除する

ライブ配信が完了すると、自動的にアーカイブが作成され、配信後も同じURLで視聴することができます。公開して問題がないかどうかも、確認しましょう。

## アーカイブを確認する

　YouTube Liveでは、ライブ配信が終了すると、わずか数分でアーカイブが同じURLで見られるようになります。アーカイブは、YouTubeチャンネルの「ライブ」タブに表示されます。これにより、ライブ配信を見逃した視聴者も好きなタイミングで視聴することができます。アーカイブには、ほかのYouTube動画と同じように視聴者がコメントを投稿することができます。

　アーカイブは、「YouTube Studio」の[コンテンツ]→[ライブ配信]タブから確認できます。「ライブ配信」タブの一覧から変更したい配信をクリックすると、「動画の詳細」が表示され、動画に関するさまざまな設定の確認・変更が行えます。また、「動画の詳細」のいちばん下にある[すべて表示]をクリックすると、タグやアーカイブへのコメントを承認制にするなど、細かな設定が行えます。

　配信のタイトルをマウスオーバーすると表示される「YouTubeで見る」アイコンをクリックすると、YouTube上でアーカイブを再生して確認することができます。また、「オプション」からアーカイブを動画ファイルとしてダウンロードし、再編集してからチャンネルにアップロードすることもできます。

　ライブ配信の予約設定の際、「チャットのリプレイ」にチェックを入れている場合は、ライブ配信中に行われたチャットもアーカイブとともに公開されます。チャットを公開したくない場合は、左側メニューの「カスタマイズ」から「チャットのリプレイ」をオフに設定します。なお、チャットのリプレイはアーカイブへの反映に時間がかかる場合があります。

❶「YouTube Studio」を開き、［コンテンツ］をクリックします。

❷［ライブ配信］をクリックします。

❸サムネイルにマウスカーソルを重ねると、さまざまなメニューが表示されます。

## ライブ再配信

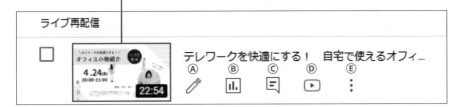

テレワークを快適にする！　自宅で使えるオフィ...

Ⓐ ✏️　Ⓑ 📊　Ⓒ 💬　Ⓓ ▶️　Ⓔ ⋮

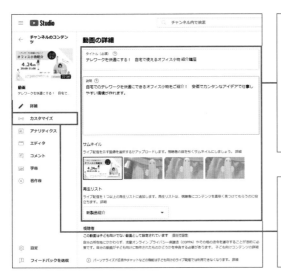

❹配信のサムネイルをクリックすると、タイトル、説明、サムネイルなどを変更できます。タイトルにライブ配信を行った日時を入れたり、説明にライブ配信後の視聴者への感謝のメッセージを入れるなどの工夫を行うとよいでしょう。

❺［カスタマイズ］をクリックし、「チャットのリプレイ」のチェックを外すと、ライブ配信時のチャットをアーカイブでは非表示にできます。

Ⓐ「詳細」アーカイブのタイトルや説明など各種設定を変更できる
Ⓑ「アナリティクス」ライブ配信の視聴回数や視聴者数を確認できる
Ⓒ「コメント」アーカイブへのコメントを管理できる（ライブ配信時のチャットではない）
Ⓓ「YouTubeで見る」YouTubeの再生ページが開き、アーカイブを再生できる
Ⓔ「オプション」配信URLの取得、ダウンロードなどが行える

# アーカイブを非公開にする

YouTube Liveでは、「アーカイブを保存しない」設定をすることはできません。アーカイブを配信したくない場合は、公開設定を「非公開」に変更します。また、「スケジュールを設定」機能を使えば、アーカイブの公開日時を設定することもできます。

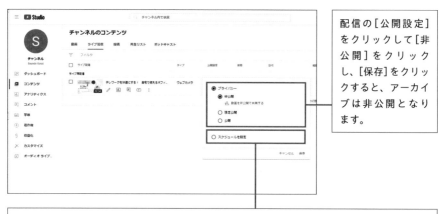

配信の[公開設定]をクリックして[非公開]をクリックし、[保存]をクリックすると、アーカイブは非公開となります。

「スケジュールを設定」を選択すると、アーカイブ公開する日時を指定できます。配信の2日後に公開するなどルールを決めて告知し、スケジュールを設定しておくとよいでしょう。

配信動画の中でカットしたいシーンがある場合は、配信後に公開設定を「非公開」に変更し、YouTube Studio内のエディタ機能を使って不要なシーンを編集してから再度「公開」に変更することができます。ただし、編集を行うとライブ配信時にやり取りされた「チャット」は表示されなくなります。チャットをリプレイしたい場合は、エディタは使わないようにしましょう。

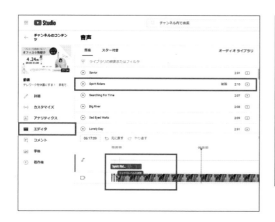

「ライブ配信」タブの一覧から、任意の配信コンテンツをクリックし、左側メニューの[エディタ]をクリックします。シーンをカットしたり、必要なシーンのみ切り抜いたりする動画編集が可能です。「音声」からBGMを追加したり、ミックスレベルを調整してライブ配信の音声をBGMで上書きして消すこともできます。

# アーカイブを削除する

　アーカイブが不要な場合は、いったん保存されたアーカイブを削除することができます。「ライブ配信」タブで削除したい配信コンテンツにチェックを入れると、一覧の上部に編集バーが表示されます。[その他の操作]をクリックすると、「ダウンロード」と「完全に削除」のメニューが現れます。[完全に削除]をクリックすると、YouTube上から配信動画が完全に削除されます。

　アーカイブを削除する前に配信動画を保存しておく場合は、[ダウンロード]をクリックして、MP4形式の動画として保存します。

❶削除もしくはダウンロードしたいアーカイブにチェックを入れます。

❷編集バーの[その他の操作]をクリックすると「ダウンロード」「完全に削除」の2つのメニューが現れるので、必要な操作をクリックします。

---

## Point » 配信のアーカイブが作成されない

アーカイブには時間制限が存在し、12時間以上のライブ配信はアーカイブが作成されないようになっています。12時間以上の配信をする場面は少ないかと思いますが、たとえば配信を切り忘れてしまい、切るまでに12時間を超えてしまうとアーカイブとして残りません。アーカイブとして残したい場合は、配信を正しく終了できたかどうか確認しましょう。

## COLUMN

# 配信設定をあとから変更する

設定が終了したあと、各種設定を変更するには、P.77の方法で「ライブ管理画面」を開きます。「管理」の一覧から予約した配信をクリックし、[編集]から変更を行います。

> ライブ配信管理画面の [管理] タブから予約した配信をクリックして、設定を変更することが可能です。

また、「YouTube Studio」の [コンテンツ] → [ライブ配信] で予約した配信をクリックして変更することもできます。

> YouTube Studioの [コンテンツ] の [ライブ配信] から予約した配信をクリックして、設定を変更することができます。

> 配信一覧の右側にある「公開設定」で、公開範囲を変更することができます。

> 公開設定は、各配信の詳細画面で変更することもできます。

# 第 4 章

YouTubeで
エンコーダ配信をする

基本編

# 34 エンコーダ配信とは

エンコーダ配信とは、エンコーダソフトを使って配信データをリアルタイムで加工しながら配信する方法です。

## エンコーダ配信とは

　エンコーダ配信とは、エンコーダソフトを使って配信データを加工しながらライブ配信を行う配信方法です。撮影したデータをそのまま配信するだけの「Webカメラ配信」(詳細は3章参照)に対し、エンコーダ配信は画質や解像度の細かな設定や、複数の画面を使って配信を行うなど、複雑な演出をほどこした配信を行うことができます。YouTube Liveには「エンコーダ配信」メニューが用意されており、エンコーダソフトと連携することで、エンコーダ配信を行うことができます。

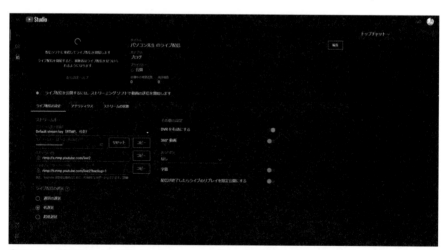

⌄ エンコーダ配信は、YouTube Studioとエンコーダソフトを連携させることで配信します(上の画面はYouTube Studioのエンコーダ配信管理画面)。

# エンコーダ配信のしくみ

YouTubeでエンコーダ配信を行うには、「エンコーダ」と呼ばれるソフトウェアやハードウェアなどが必要となります。以下は、マイク・Webカメラ・ヘッドフォン・エンコーダソフトを使用した。基本的なエンコーダ配信の組み合わせです。

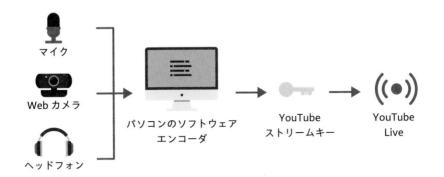

以下は、複数のマイクやカメラ・ミキサー・ハードウェアエンコーダなどを使用したエンコーダ配信の組み合わせです。複数のアングルでの配信や画面共有ができるため、製品発表・プレゼン・ゲーム実況・音楽ライブなど、映像的にも音質的にもリッチなライブ配信が可能になります。

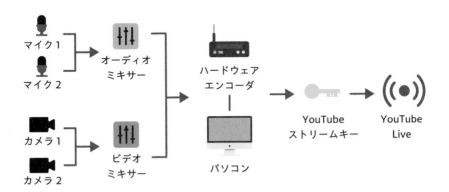

# 35 エンコーダ配信に必要な機材とアプリを準備する

エンコーダ配信を使って高品質な映像・音声を視聴者に提供するためには、専用の機材やソフトが必要です。

## 必要な機材・ソフト

エンコーダ配信に必要な機材・ソフトは、主に次の3つです。それぞれについて、解説を行っていきます。

・カメラ
・マイク
・エンコーダソフト

### カメラ

エンコーダ配信は、パソコンに内蔵されているWebカメラでも配信できますが、映像の品質にこだわるのであれば、外付けのカメラやデジタル一眼カメラの利用がおすすめです。カメラを複数台使用すれば、複数の映像を切り替えながら配信をすることも可能です。

### マイク

パソコンに内蔵されているマイクでも配信できますが、音質にこだわるのであれば外付けのマイクがおすすめです。外付けのマイクとしては、ダイナミックマイクやコンデンサーマイクなどが使われています。

### エンコーダソフト

カメラやマイクによって取得したデータを、ライブ配信用に加工するためのソフトです。エンコーダ配信になくてはならない存在です。

# OBS Studio

エンコーダ配信の要と言えるのが、「エンコーダソフト」です。エンコーダソフトは、カメラやマイクから得たデータを処理してライブ配信用のデータとして出力する役割があります。エンコーダソフトには多くの種類があり、予算や目的に合わせたものを選択することが大切です。 YouTubeでライブ配信を行う場合は、YouTubeによって認証されたソフトを選択するとよいでしょう。本書では、無料のエンコーダソフト「OBS Studio」を使ってエンコーダ配信を行う方法を解説していきます。

## ＯBS Studio

**価格：無料　開発者：OBS Project**

OBS Studioは、オープンソースのエンコーダソフトです。YouTube、Twitch、ニコニコ動画など、国内外多くの配信サイトでのライブ配信に対応しています。OBS Studioでは、多様なエフェクトやフィルターを使用して映像や音声の質を向上させ、配信のクオリティを高めることができます。多機能でカスタマイズ性が高く、無料で利用できることから、多くの配信者が利用しています。

◀ OBS Studioでは、配信画面のカスタマイズもかんたんに行うことができます。

---

## Point » オーディオミキサー

必須というわけではありませんが、マイクから取得した音声データに効果音やBGMなどを重ねて配信するためのオーディオミキサーも、ライブ配信でよく使用されている機材の1つです。オンラインセミナーや音楽ライブなどの用途で使ってみるとよいでしょう。

# 36 OBS Studioを<br>ダウンロードする

本章では、エンコーダソフト「OBS Studio」を使ってライブ配信を行う方法を解説していきます。まずは、公式サイトからOBS Studioをダウンロードします。

## OBS Studioをダウンロードする

OBS Studioは高機能なライブ配信ソフトウェアであり、誰でも無料で入手し、使用することができます。インストール前に以下のポイントに留意してください。

まず、OBS Studioは信頼できるソースからダウンロードしてください。また、必要なシステム要件を確認し、自分のPCがそれを満たしていることを確認してください。OBS Studioは通常、多くのCPUとメモリを必要とします。

インストール中には、必要なコンポーネントがすべてインストールされていることを確認してください。インストールが完了したら、OBS Studioを起動して動作を確認し、必要に応じて設定を調整します。

以上の注意点をしっかりと確認し、安全かつ円滑なインストールを行ってください。

❶WebブラウザでOBS公式サイト（https://obsproject.com/ja）にアクセスします。利用しているOSのボタンをクリックして、インストーラーをダウンロードします。

❷ ダウンロードが完了したら、[ファイルを開く]をクリックしてインストーラーを起動します。

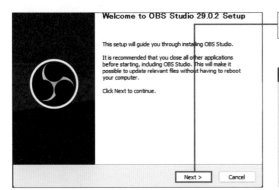

❸ [Next] を2回クリックします。

**MEMO**

OBS Studioをインストールする際に、Skypeなどの関連アプリが起動しているとうまくインストールできないことがあります。インストールする際には、そのほかのアプリを終了しておきましょう。

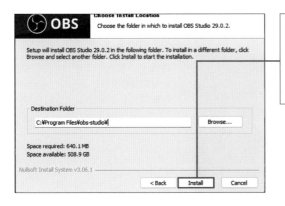

❹ [Install] をクリックすると、OBS Studioのインストールが開始されます。完了したら、[Finish] をクリックします。すると、OBS Studioが起動します。

---

## Point » **Microsoft StoreやGitHubからインストールすることも可能**

本項ではOBS Studio公式サイトからダウンロードしています。ほかにも、Microsoft Store、GitHub、Steamなどのサイトからダウンロードすることもできます。

## 37　エンコーダを選択する

OBS Studioの準備ができたら、配信の設定を始めましょう。最初に、YouTube Studioで「ストリーミングソフトウェア」を選択します。

## エンコーダ配信を作成する（初回）

　YouTube Studioにログインし、配信の設定を開始します。YouTube Studioをはじめて表示すると、「ライブ配信をいつ開始しますか？」画面が表示されます。「今すぐ」か「後で」を選択しましょう。「後で」を選んだ場合は、スケジュールを設定します。次に、「配信の方法を選択してください」画面が表示されます。今回はエンコーダ配信を行うので、「ストリーミングソフトウェア」を選択しましょう。

　ストリーミングソフトウェアを選択したら、P.112以降を参考に、配信のタイトルや説明などを設定していきます。設定が完了したら、[作成]をクリックして設定を保存してください。

❶P.77の方法で、YouTube Studioを表示します。

❷今すぐ配信する場合は「今すぐ」の[開始]（P.112）、スケジュールを設定して配信したい場合は「後で」の[開始]（P.113）をクリックします。

❸「ストリーミングソフトウェア」の[選択]をクリックします。以降は、P.112を参考に配信の設定を行います。

# エンコーダ配信を作成する（2回目以降）

2回目以降にエンコーダ配信を行いたい場合は、表示される画面が異なります。ここでは、2回目以降にすぐにライブ配信を開始する場合と、スケジュールを設定して配信する場合の2種類の方法を解説します。なお、前回のタイトルや説明文は設定されたままになっているので、変更が必要な場合は修正しましょう。

### 🔊今すぐ配信する場合

❶2回目以降はP.110〜111の手順❶〜❸の画面が表示されず、すぐにエンコーダ配信管理画面が表示されます。今すぐ配信する場合は、この画面で設定を行います。

❷設定画面が表示されない場合は[エンコーダ配信]をクリックし、P.112の操作に進みます。

### 🔊スケジュールを設定して配信する場合

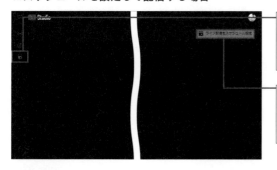

❶スケジュールを設定して配信する場合は、[管理]をクリックします。

❷[ライブ配信をスケジュール設定]をクリックします。P.113の操作に進みます。

### MEMO

2回目以降、「Webカメラ配信」と「エンコーダ配信」は左のメニュータブのアイコンをクリックして切り替えることができます。

# YouTubeの設定をする

YouTube Studioで「ストリーミングソフトウェア」を選択し、エンコーダでのライブ配信を作成できたら、タイトル・説明などの各種設定を行いましょう。

## YouTubeの設定をする（今すぐ配信）

　YouTubeライブ配信を今すぐ行う場合は、配信タイトルや説明などを設定し、遅延を選択します。ただし、この方法では公開設定を行うことができません。公開範囲を設定する場合は、P.113の方法でスケジュールの設定を行ってください。

❶P.110を参考に、エンコーダ配信を作成しておきます。［編集］をクリックします。

❷配信のタイトルや説明などを設定します。

❸［保存］をクリックします。

❹「ライブ配信の設定」で「ライブ配信の遅延」などを設定します。

# YouTubeの設定をする（あとで配信）

スケジュールを設定して、あとから配信を行う場合は、「配信の作成」画面でスケジュールの設定を行います。公開設定もスケジュール設定上で行うことができるので、限定配信や非公開設定にしたい場合は、こちらの方法で設定しましょう。

❶P.111の方法で［管理］をクリックし、［ライブ配信をスケジュール設定］をクリックします。

❷「詳細」画面で配信タイトルや説明などを入力します。設定が完了したら、［次へ］をクリックします。

❸必要に応じて「カスタマイズ」画面の設定を行います。［次へ］をクリックします。

❹最後に公開範囲を設定し、ライブ配信の開始日時を設定します。［完了］をクリックすると、配信が予約されます。

# 39 YouTubeとOBS Studioを連携する

YouTube側の設定が完了したら、次は「OBS Studio」の「設定」から、YouTubeで利用しているGoogleアカウントとの連携を行いましょう。

## YouTubeと連携する

OBS Studioには、YouTubeとの連携機能が用意されています。従来は、ストリームキーと呼ばれる配信用の暗号キーとURLを設定する必要があり、初心者にはわかりにくいのが難点でした。しかし連携機能が搭載されたことで、Googleアカウントとパスワードを入力するだけでかんたんに連携できるようになりました。ここでは、OBS StudioのYouTube連携機能を使ってYouTubeと連携する方法を解説します。

なお、ストリームキーとURLを使わずにOBS StudioとYouTubeを連携できるようになったのは、OBS Studioのバージョン27.1以降です。バージョン27.0以前の古いバージョンにはYouTube連携機能がないので、最新バージョンにアップデートしておくことをおすすめします。

❶OBS Studioを起動し、画面右下にある[設定]をクリックします。

❷「設定」画面左側の[配信]をクリックします。

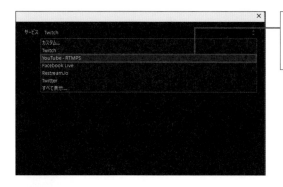

❸「サービス」のプルダウンをクリックし、[YouTube-RTMPS] をクリックします。

**MEMO**

「サービス」では、高画質なHDR動画による配信を行う「YouTube-HLS」を選択してもOKです。将来的にはこちらの方式が主流になってくると考えられますが、現状ではRTMPSで問題ありません。また、「YouTube Streamer」というよく似た名前の別のサービスもあるので、注意しましょう。

❹[アカウント接続 (推奨)] をクリックします。

**MEMO**

「サーバー」は、デフォルトの「Primary YouTube ingest server」から変更しなくてOKです。

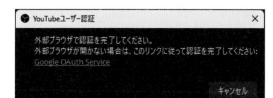

❺「YouTubeユーザー認証」ダイアログが表示され、既定のWebブラウザが起動します。

❻YouTubeと同じGoogleアカウントを入力し、[次へ]をクリックします。

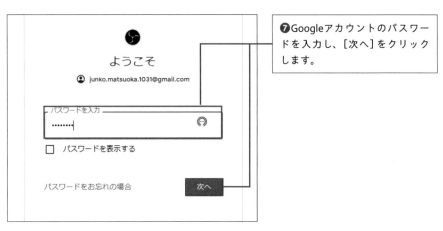

❼Googleアカウントのパスワードを入力し、[次へ]をクリックします。

❽Googleアカウントへのアクセス許可が求められるので、[続行]をクリックします。

認証が正常に完了しました。 このページを閉じることができます。

❾Googleアカウントの認証が完了したら、Webブラウザを閉じましょう。

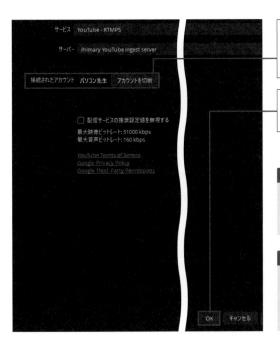

サービス YouTube - RTMPS

サーバー Primary YouTube ingest server

接続されたアカウント パソコン先生 アカウントを切断

☐ 配信サービスの推奨設定値を無視する

最大映像ビットレート: 51000 kbps
最大音声ビットレート: 160 kbps

YouTube Terms of Service
Google Privacy Policy
Google Third-Party Permissions

OK キャンセル

❿「連携されたアカウント」に、YouTubeのチャンネル名が反映されます。

⓫[OK]をクリックして、連携設定を終了します。

**MEMO**

一度連携したら、次回以降は連携の設定を再度操作し直さなくても問題ありません。

**MEMO**

GoogleアカウントとOBS Studioの連携を解除したい場合は、チャンネル名右側の[アカウントを切断]をクリックします。

---

## Point » ストリームキーとURLでも連携可能

OBS Studioのバージョン27.0以前のように、YouTubeのストリームキーとURLを取得して連携することも可能です。この場合は、P.115の手順❹の画面で[ストリームキーを使用する(高度)]をクリックし、「ストリームキー」の入力欄を表示します。YouTube Studioにアクセスして配信枠を作成し、「ストリームキー(エンコーダに貼り付け)」の[コピー]をクリックすると、ストリームキーをコピーできます。コピーしたストリームキーを、「ストリームキー」の入力欄に貼り付けると、設定が完了します。一度ストリームキーを設定すれば、次回からの入力は不要になります。なお、ストリームキーを人に教えると、配信を乗っ取られてしまう危険があります。間違えて流出してしまった場合は、YouTube上でストリームキーを再発行しましょう。

# 40 画質・解像度を設定する

OBS StudioとGoogleアカウントの連携が完了したら、OBS Studioで配信時のエンコーダやレート制御、解像度などの設定を行いましょう。

## エンコーダを設定する

　OBS Studioでは、初期状態でソフトウェアエンコーダの「x264」が設定されています。このエンコーダは高画質である反面、負荷が非常に高くなります。負荷の軽い「NVIDIA」「AMD」「アップル」などのハードウェアエンコーダに変更しておきましょう。

❶OBS Studioを起動し、画面右下にある [設定] をクリックします。

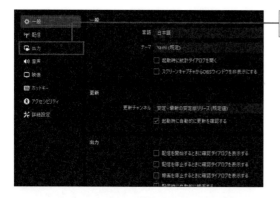

❷ [出力] をクリックします。

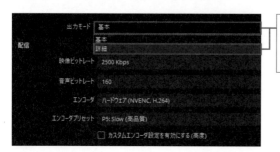

❸ [出力モード] のプルダウンをクリックし、[詳細] をクリックします。

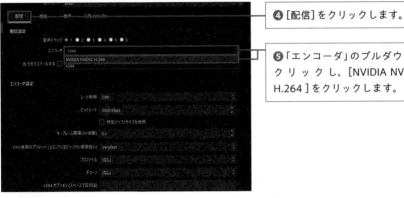

❹［配信］をクリックします。

❺「エンコーダ」のプルダウンを
クリックし、［NVIDIA NVENC
H.264］をクリックします。

**MEMO**

表示されるハードウェアエンコーダは、パソコンに内蔵されているGPUによって異なります。
ここでは、例として「NVIDIA NVENC H.264」を設定しています。

## レート制御を設定する

　レート制御とは、音声や動画などのデータを伝送するビットレートを制御するための、圧縮方法のことです。レート制御にはさまざまな方式がありますが、YouTubeでは「CBR」（固定ビットレート方式）が推奨されています。

❶左ページを参考に、OBS Studioの［設定］→［出力］→［配信］の順にクリックします。

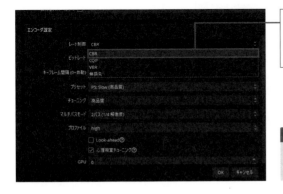

❷「レート制御」のプルダウンを
クリックし、［CBR］をクリック
します。

**MEMO**

ビットレートの設定は、P.120で
解説します。

# ビットレートを設定する

　ビットレートは、1秒間あたりのデータ量をビット単位で表した数値です。ビットレートが高いほど高画質な動画を再生できますが、回線速度によっては充分に転送できない可能性があります。まずはインターネットの速度測定サイトでアップロード速度を計測し、YouTubeが推奨する各画質のビットレート上限に設定しましょう。

❶Webブラウザで速度測定サイトにアクセスし、アップロード速度を計測します。

## MEMO

左の画面の場合は、480Mbpsの速度でデータをアップロードできます。なお、6,000kbpsあれば、フルHDの標準画質で配信が可能です。

❷OBS Studioの［設定］→［出力］→［配信］の順にクリックします。

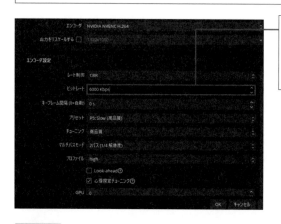

❸計測したアップロード速度をもとに、「ビットレート」にYouTubeの推奨画質上限の数値を入力します。

## MEMO

YouTubeで主流のライブ配信画質「1,080p、30fps」では、ビットレートとして3,000〜 6,000 Kbpsが推奨されています。ここでは計測したアップロード速度をもとに、上限となる6,000kbpsを入力しました。推奨ビットレートの参考値は、https://support.google.com/youtube/answer/2853702#zippy=%2Cpk-fps%2Cp-fps を参照してください。

## 解像度／FPS共通値を設定する

解像度とは、映像を構成する画素数を表す数値です。P.120で設定したビットレートの数値に対応する解像度を設定しておきましょう。

また、FPS共通値は1秒あたりに表示される静止画の枚数を表すフレームレートのことです。数値が大きいほど高解像度になりますが、その分動作が重くなります。

❶OBS Studioの「設定」を表示しておきます。

❷ [映像] をクリックします。

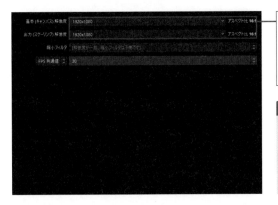

❸「基本 (キャンパス) 解像度」と「出力 (スケーリング) 解像度」のプルダウンをクリックして設定します。

### MEMO

2023年時点でYouTubeライブ配信の推奨解像度は「1920 x 1080」です。そのため、ここでは解像度を「1920 x 1080」に設定しています。

❹「FPS共通値」のプルダウンをクリックして設定します。

### MEMO

OBS Studioの初期設定では、FPS共通値が「60」に設定されています。スペックがあまり高くないパソコンでは、低めの「30」に設定しておくと、安定して配信できます。

# 41 音量・音質を設定する

ライブ配信時に十分な音量がないと、聞き取りにくくなります。また、音質が悪いと不快感を与える場合があります。音量・音質の設定を行いましょう。

## 音量を設定する〜Windows

最初に、Windowsの「設定」アプリで、マイクの音量を調節します。OBS Studioのマイク音量とは別の設定になるので、合わせて設定しておきましょう。

❶Windowsの「設定」アプリを起動し、［システム］をクリックします。

❷［サウンド］をクリックします。

❸［マイク］をクリックします。

### MEMO

複数のマイクがある場合は、配信で使うマイクの名前をクリックしましょう。

④「入力音量」のバーを左右に動かして、音量を調整します。

**MEMO**

詳細な音調調整はOBS Studio側で行うので、ここでは「100」にしておくことをおすすめします。

## 音量を設定する～OBS Studio

続いて、OBS Studioの「音量ミキサー」メニューから「デスクトップ音声」「マイク」の音量を個別に調整します。バーを右方向にドラッグすると音量が大きくなり、左方向にドラッグすると音量が小さくなります。

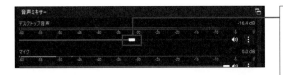

❶OBS Studioを起動し、「音量ミキサー」の「デスクトップ音声」のバーを左右に動かして調整します。

**MEMO**

「デスクトップ音声」では、パソコンから流れる音声の音量を調整できます。会話が中心の配信やゲーム実況では、「デスクトップ音声」の音量を下げておくほうがよいでしょう。

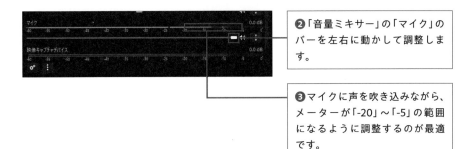

❷「音量ミキサー」の「マイク」のバーを左右に動かして調整します。

❸マイクに声を吹き込みながら、メーターが「-20」～「-5」の範囲になるように調整するのが最適です。

**MEMO**

会話が中心のライブ配信の場合、「マイク」の音量を上げることで視聴者に自分の声が聞こえやすくなります。

# 音質を設定する

OBS Studioでは、マイクに「フィルタ」を適用することで、音割れや不快なノイズを低減できます。フィルターは、[ノイズ抑制] → [ゲイン] → [ノイズゲート] → [コンプレッサー] の順に追加していきます。

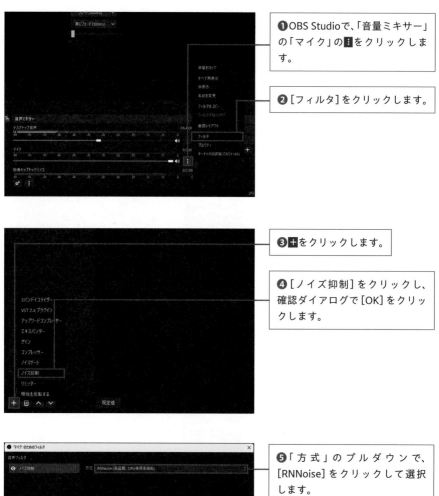

❶OBS Studioで、「音量ミキサー」の「マイク」の⋮をクリックします。

❷[フィルタ]をクリックします。

❸＋をクリックします。

❹[ノイズ抑制]をクリックし、確認ダイアログで[OK]をクリックします。

❺「方式」のプルダウンで、[RNNoise]をクリックして選択します。

### MEMO

「RNNoise」は、ノイズキャンセル方式の1つです。従来の「Speex」よりもパソコンへの負荷が少ない方式です。

⑥ ➕ → ［ゲイン］ → ［OK］の順にクリックして、ゲインフィルターを追加します。

⑦「ゲイン」のバーを左右にドラッグすると、音量を調節できます。

**MEMO**

マイク音量の「ゲイン」とは、信号増幅の単位で、音声信号の増幅を行うことで音量を調整する機能です。ゲインが大きいほど音量が増幅され、小さいほど音量が低くなります。マイクの音量に問題がなければ、ゲインフィルターは不要です。

⑧ ➕ → ［ノイズゲート］ → ［OK］の順にクリックして、ノイズゲートフィルターを追加します。

⑨「閉鎖しきい値」と「開放しきい値」の設定を確認します。基本的には、初期設定の数値で問題ありません。

**MEMO**

ノイズゲートは、指定した数値以下の音を消去できる機能です。「開放しきい値」が「閉鎖しきい値」よりも大きくなるように設定します。

⑩ ➕ → ［コンプレッサー］ → ［OK］の順にクリックして、コンプレッサーフィルターを追加します。

⑪「比率」と「しきい値」の設定を確認します。基本的には、初期設定の数値で問題ありません。

**MEMO**

コンプレッサーは、音割れ対策に役立つフィルターです。設定した音量より大きい音が圧縮されて聞こえにくくなります。

# マイク音声を設定する

パソコンにマイクを接続し、OBS Studioでマイク音声の出力デバイスをライブ配信で使用する端末に変更します。

## マイクを設定する〜Windows

　最初に、Windowsの「設定」アプリでマイクが接続されているかどうかを確認します。有線のマイクはそのまま差し込むだけでよいのですが、Bluetoothなどの無線マイクは別途接続設定を行う必要があります。

❶ パソコンにマイクを接続し、Windowsの「設定」アプリを起動します。

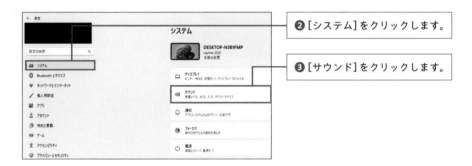

❷ [システム]をクリックします。

❸ [サウンド]をクリックします。

❹ 「入力」に、マイクのデバイス名が反映されていることを確認します。

### MEMO

「ボリューム」のバーを左右にドラッグするとマイクの音量を調整できます。OBS Studioでも設定できるので、ここではP.123と同様に「100」に設定しておけば問題ありません。

# マイクを設定する～OBS Studio

次に、OBS Studioで配信に使うマイクを設定します。デフォルトでは、Windowsの既定になっているマイクが配信時のマイクとして使用されます。複数のマイクを接続している場合など、必要に応じて配信で使うマイクに変更しておきましょう。

❶OBS Studioの「設定」を表示し、[音声]をクリックします。

❷「グローバル音声デバイス」の「マイク音声」のプルダウンをクリックします。

❸ライブ配信で使うマイクデバイスをクリックします。

❹［OK］をクリックすると、マイクが変更されます。

### MEMO

マイクの混線や音声ダブりを防ぐため、使用しないマイク音声は「無効」に設定しておきましょう。

---

## Point » Bluetoothマイク

Bluetoothマイクを設定したい場合は、Windowsの「設定」アプリで［Bluetoothとデバイス］をクリックします。Bluetoothマイクをペアリングできる状態にしたら、［デバイスの追加］→［Bluetooth］の順にクリックしてペアリングを行います。ペアリングが完了したら、P.126の「サウンド」設定の「入力」にBluetoothマイクが反映されます。

# 43 ソースを追加する

Webカメラ、パソコンの画面、ゲーム画面など、ライブ配信時にさまざまな画面を映したい場合は、「ソース」を追加する必要があります。

## ソースとは

OBS Studioの「ソース」とは、配信上で映すことができるもの全般を意味しています。ソースとして追加できるものとして、Webカメラの映像、テキスト、画像、パソコンのウィンドウなど、さまざまなものがあります。ソースをレイヤーのように重ねて表示していくことで、オリジナルの配信画面を作成することができます。

追加したソースは、OBS Studio左側のプレビュー画面に反映されます。プレビュー画面でソースをクリックすることで、大きさや位置を調整できます。また、追加したソースの順番は「ソース」の一覧から並べ替えることができます。

⌃ OBS Studioではソースを組み合わせることで、配信画面を自由にカスタマイズできます。

---

**MEMO**

ソースを追加しても真っ暗で何も表示されていない場合があります。特に多いのが、「ウィンドウキャプチャ」を追加して、何も表示されないパターンです。原因としては、「設定したウィンドウが最小化されている」「フルスクリーン表示になっている」などがあります。ウィンドウを設定しなおしてから、再度ソースを追加しましょう。

# ソースを追加する

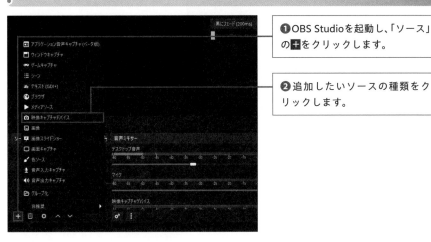

❶ OBS Studioを起動し、「ソース」の➕をクリックします。

❷ 追加したいソースの種類をクリックします。

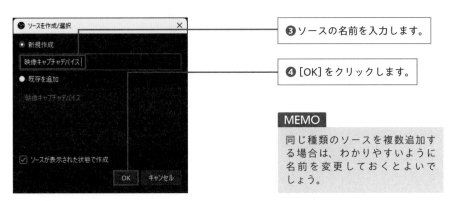

❸ ソースの名前を入力します。

❹ [OK] をクリックします。

**MEMO**

同じ種類のソースを複数追加する場合は、わかりやすいように名前を変更しておくとよいでしょう。

❺ 設定はあとで行うので、ここではいったん [OK] をクリックします。

❻「ソース」の一覧に、追加した ソースが表示されます。

| ソースの種類 | 説明 |
|---|---|
| アプリケーション音声キャプチャ（ベータ版） | 特定のアプリケーションの音声を配信で流せます。 |
| ウィンドウキャプチャ | パソコンで起動しているアプリのウィンドウを配信画面に表示できます。 |
| ゲームキャプチャ | パソコンゲームのゲーム画面を配信画面に表示できます。 |
| シーン | シーンを追加します。シーン内にその他のソースを追加することで、配信中に静止画画面を表示したり、複数の配信画面を切り替えたりすることができます。 |
| テキスト（GDI+） | 設定したテキストおよびテキストファイルを配信画面に表示できます。 |
| ブラウザ | 指定した URL の Web ページを配信画面に表示できます。 |
| メディアソース | パソコンに保存している音楽や動画などを配信画面で再生できます。 |
| 映像キャプチャデバイス | 外付けの Web カメラや据え置き・携帯ゲームの画面を配信画面に表示できます。 |
| 画像 | 静止画を配信画面に表示できます。 |
| 画像スライドショー | 指定した複数の静止画を順番に配信画面に表示できます。 |
| 画面キャプチャ | デスクトップ画面を配信画面に表示できます。 |
| 色ソース | 好きな色の単色背景を配信画面に表示できます。 |
| 音声入力キャプチャ | パソコンに接続したマイクの音声を配信画面で流すことができます。 |
| 音声出力キャプチャ | パソコンの音声を配信画面で流すことができます。 |
| グループ化 | 複数のソースをフォルダのようにまとめることができます。 |

## ソースを設定する

　ソースでは、それぞれの設定を変更することができます。ただし、ソースの設定を変更する場合は、変更内容がどのように影響するかを理解しておく必要があります。また、変更によっては、パフォーマンスに悪影響を与えることがあるため、注意が必要です。変更後には必ず出力品質を確認し、画面の乱れや音声のズレなど、問題が発生していないかを確認しましょう。

❶「ソース」の一覧から、設定を変更したいソースをクリックして選択します。

❷⚙をクリックします。

### MEMO

ソース名をダブルクリックしてもOKです。

❸必要に応じて、各種設定を変更します。

❹［OK］をクリックします。

# ソースのサイズ・配置を変更する

配置したソースは、ドラッグ操作でサイズを変更したり、配置を変更したりすることができます。

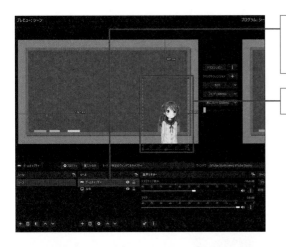

❶「ソース」の一覧から、サイズを変更したいソースをクリックして選択します。

❷枠の■をクリックします。

❸外側にドラッグするとソースが拡大、内側にドラッグするとソースが縮小します。

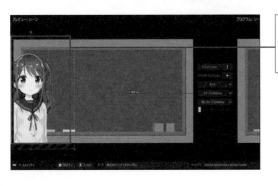

❹配置を変更したいソースを選択し、配置したい場所までドラッグします。

# ソースの順番を入れ替える

　ソースは上から順番に設定されており、フレームがいちばん上に設定されていると、キャラクターやテロップなどが埋もれてしまいます。配信画面やテロップを上に、フレームをいちばん下に順番を入れ替えましょう。

❶「ソース」の一覧から、順番を入れ替えたいソースをクリックして選択します。

❷表示順を上にしたい場合は[ソースを上へ移動]、下にしたい場合は[ソースを下へ移動]をクリックします。

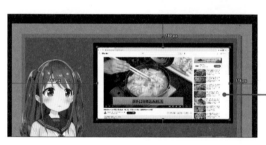

❸ソースの表示順が入れ替わると、プレビューにも反映されます。

---

## Point » ソースの表示／非表示を切り替える

ソース名の右側にある◉をクリックすると、選択したソースの表示／非表示が切り替わります。また、◨をクリックすると、ソースの変更や表示の切り替え、削除ができなくなるようにロックをすることができます。

## 44 エンコーダ配信の リハーサルをする

設定が完了したら、本番前にリハーサルを行います。公開範囲を設定し、音声や映像が適切な設定になっているかどうかを確認しましょう。

## リハーサルをする

　実際のライブ配信の前に、リハーサルを行いましょう。リハーサルの開始・終了の方法は、P.136 ～ 137と同様です。ここでは、リハーサルにおいて意識しておくべき3つのポイントについて解説します。

　リハーサルを行うときは、YouTube側で「公開範囲」を「限定公開」または「非公開」に設定します（P.88参照）。配信のリンクを共有してほかの知り合いに確認してもらえば、画質や音質など自分が気づかなかった問題を修正できる可能性があります。

◀ 配信の公開／非公開は、YouTube Studio側で設定しましょう。

---

### Point » 「限定公開」「非公開」の特徴

公開範囲を「限定公開」にした場合、URLを知っている人なら誰でも視聴できます。「非公開」にした場合は基本的に自分以外視聴できませんが、[動画を非公開で共有する]をクリックして視聴してほしい相手にメールで招待を送ることで視聴してもらうことができます。

# プレビュー・音声を確認する

　リハーサルを開始したら、YouTubeのエンコーダ配信画面にプレビューが表示されるかどうか確認しましょう。プレビューには、視聴者が実際に見ている映像が表示されます。なお、YouTube側には多少の遅延が発生しているため、OBS Studio側でのプレビューとはズレがあります。

◉ YouTube Studioのエンコーダ配信画面の上部にプレビューが表示されます。

　また、音声が正しく聞こえているかどうか確認しましょう。なお、YouTubeのプレビュー画面では音声がモノラルに変換されてしまうため、実際に配信で聞こえる音声を確かめるには、ほかの端末やWebブラウザを開いて確認する必要があります。また、自分では適切な音声だと思っていても、視聴者からすると聞こえにくい場合もあります。配信本番では、視聴者に音声が聞こえるか口頭で確認して、大きいか小さいかコメントをしてもらうのがおすすめです。

◉ リハーサルの画面をほかのWebブラウザから開いて、自分で音声を確認することも可能です。

## 45 エンコーダ配信を 開始・終了する

エンコーダ配信は、Webカメラ配信の場合とは開始・終了の手順が異なります。
OBS Studioのみの操作で、配信開始・終了が可能です。

## エンコーダ配信を開始する

　配信の準備が完了したら、エンコーダ配信を開始しましょう。あらかじめ、インター
ネット接続が安定していることや、YouTubeチャンネルがライブ配信に対応している
ことを確認しておきます。また、配信設定の画面で映像と音声のソースが正しく設定さ
れているか確認します。さらに、予約配信を行う場合には、タイトルや説明文、タグな
どの情報を事前に入力しておきます。以上の点を確認し、問題がなければ、配信を開始
します。配信する前にP.114を参考にYouTube Studioと連携させておきましょう。

①P.110〜111の方法で、YouTubeでエンコーダ配信の枠を作成しておきます。

②OBS Studioの[配信の管理]を
クリックします。

**MEMO**

OBS Studioと連携させておけば、
YouTube Studio側でライブ配信を
開始しなくてもOBS Studioから
のみで配信を開始できます。

③[既存の配信を選択]をクリッ
クして、作成した配信を選択し
ます。

④[配信を選択して配信開始]を
クリックします。

# エンコーダ配信を終了する

　エンコーダ配信を終了する際は、OBS Studioで配信を終了してから、YouTubeの
ライブ配信を終了します。配信終了後は、「YouTube Studio」の［コンテンツ］→［ライ
ブ配信］タブで配信を正しく完了できているか確認します。配信の切り忘れによるトラ
ブルに注意しましょう。

❶OBS Studioの［配信終了］をク
リックします。

❷YouTubeの配信管理画面で、
［ライブ配信を終了］をクリック
します。

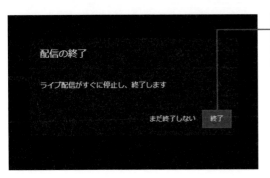

❸［終了］→［閉じる］の順にク
リックすると、ライブ配信が終
了します。

# そのほかのエンコーダソフト

本章では「OBS Studio」を使ってエンコーダ配信をする方法を解説しましたが、ほかにもたくさんのエンコーダソフトがあります。以下に、代表的なエンコーダソフトとその特徴を紹介します。いずれも、YouTube Liveに対応しています。

## ● XSplit Broadcaster

価格：月額15ドル／買い切り200ドル　開発者：SplitmediaLabs Ltd.社

XSplit Broadcasterは、OBS Studioに匹敵するシェア率を誇るエンコーダソフトです。多機能でありながらもシンプルでわかりやすいインターフェースが特徴で、動作も軽量です。無料版は機能が制限されていますが、ライブ配信の用途だけなら十分に利用できます。

## ● Streamlabs Desktop

価格：無料　開発者：Streamlabs

Streamlabs Desktop (旧名称はStreamlabs OBS) は、OBS Studioをベースに開発されたエンコーダソフトです。配信画面と拡張機能画面が一括でまとまっており、さまざまな設定変更や機能追加を同じ画面で操作できる、初心者にもやさしい設計となっています。

## ● Wirecast

価格：Studio版 599ドル／Pro版 799ドル　開発者：telestream

Wirecastは、ゲーム実況から大規模な音楽ライブまで、多才なライブ配信に対応したエンコーダソフトです。特に画質の高さに定評があり、どの端末から視聴しても高クオリティの配信を楽しめます。無料版も用意されていますが、透かしが入ります。

# 第 5 章

YouTubeで
エンコーダ配信をする

応用編

# 46 OBS Studioを活用する

本章では、OBS Studioをもっと便利に活用するために、静止画やBGMの挿入、画面の切り替えやコメントの表示など、さまざまな活用方法を紹介します。

## OBS Studioでできること

### シーンを設定する (P.142〜145)

OBS Studioでは、配信開始前のカウントダウン画面、ゲーム実況の画面、雑談配信の画面といったように、複数の画面を用途に分けて表示し、切り替えることのできる「シーン」機能が搭載されています。

### 静止画を挿入する (P.146〜147)

OBS Studioでは、配信画面に静止画を挿入することができます。配信開始を知らせるメッセージ、イベントの告知、背景画像など、活用シーンは豊富にあります。画像の位置やサイズ、表示順は自由に変更できます。

### カウントダウン画面を用意する (P.148〜149)

OBS Studioの「スクリプト」機能を使うと、配信画面にカウントダウンを表示できます。配信開始までの待機時間を視聴者に知らせたり、イベントの配信時に正確な時間を知らせたりするなど、視聴者にわかりやすい配信を行うことができます。

### トランジションを設定する (P.150〜153)

シーンの切り替えを滑らかに行うためのアニメーションエフェクト「トランジション」を設定できます。標準のトランジションは、7種類用意されています。

### フィルターを設定する (P.154〜155)

カメラやマイクなどの各要素にフィルターを追加して、加工することができます。フィルター加工することで、画質の向上や音質の改善を行ったり、特定の部分をモザイク処理したりできます。

### BGMを挿入する（P.156～157）

OBS Studioでは、配信画面にBGMを挿入することができます。BGMを活用することで雰囲気を盛り上げることができ、沈黙も回避できます。

### テロップを挿入する（P.158～159）

OBS Studioでは、配信画面にテロップを挿入することができます。文字の大きさ・色・縁取りなど自由に調整できます。SNSのアカウントや告知、配信内容などの伝えたい情報を表示することで、視聴者に覚えてもらいやすくなります。

### フレームを挿入する（P.160～161）

OBS Studioでは、配信画面にフレームを挿入することができます。配信中に話題が変わった場合に、新しいトピックに関する情報をフレーム内に表示することで、視聴者が追いつきやすくなります。

### 切り抜きで人物を入れ込む（P.162～163）

OBS Studioでは、対象となる被写体と任意の映像を合成するクロマキー加工ができます。Webカメラに映った自分の顔と好きな背景を合成したり、ゲーム画面とアバターを合成してゲームの中にいるような雰囲気を演出したりできます。

### コメント表示アプリを使う（P.164～167）

配信画面にコメントを表示させると、視聴者とのコミュニケーションが捗ります。OBS Studioには配信画面にコメントを表示できる機能がないため、別途外部アプリを使う必要があります。

### 複数箇所から配信する（P.168～169）

「OBS Ninja」という無料のWebツールを使うことで、別々の場所にいる人どうしで同時にライブ配信ができます。作成したルームにゲストを招待すれば、配信画面にゲストの映像を追加して、テレビのワイプのような演出ができます。

### 複数のカメラやマイクを使用する（P.170～171）

複数のカメラやマイクをOBS Studioに追加して管理することで、大規模なライブイベントが行えます。シーンの切り替えも容易なので、別のカメラに映った映像をアップにするようなテレビ中継のような演出もできます。

# 47 シーンを設定する

OBS Studioでは、Webカメラの画面、ゲーム画面、プレゼン画面など、複数の画面を切り替えて表示することができます。

## 複数のシーンを用意する

OBS Studioには、ライブ配信で使用する画面を設定するための「シーン」という機能があります。配信前に表示するカウントダウン画面や、司会進行のカメラ画面とプレゼンアプリの画面といったように、複数のシーンを用意しておくことで、シーンを切り替えながら配信することができます。

「シーン」は、OBS Studio画面左下の「シーン」という項目で管理します。表示したい画面ごとにシーンを作成して管理することで、ライブ配信を効率的に運用できます。

🔽 作成したシーンは、OBS Studio画面左下の「シーン」の一覧に表示されます。

❶OBS Studio画面左下にある、「シーン」の＋をクリックします。

❷シーンの名前を入力します。「配信前」「配信中」「進行画面」「ゲーム画面」「プレゼン画面」など、わかりやすい名前にするとよいでしょう。入力が完了したら、［OK］をクリックします。

❸「シーン」の一覧に、手順❷で作成したシーンが追加されます。

❹追加したシーンを選択し、必要なソースを追加していきます。

### MEMO

1つのシーンにつき、複数のソースを追加することができます。ただし、追加しすぎると動作が重くなるので注意しましょう。

# 複数のシーンを切り替える

　OBS Studioでは、用途に応じてシーンの切り替えを行うことで、円滑に配信を進めることができます。

❶配信中に、「シーン」の中から切り替えたいシーンを選んでクリックします。

❷シーンが切り替わります。

## Point » シーンを並び替える

シーンを選択し、「シーンを上へ移動」アイコンをクリックすると順番が上がり、「シーンを下へ移動」アイコンをクリックすると順番が下がります。配信の進行に合わせて、シーンを並び替えておくとよいでしょう。

# ホットキーでシーンを切り替える

マウスのクリック操作でシーンを切り替える場合、間違ったシーンを選んで表示してしまう可能性があります。このような操作ミスを防止するには、「ホットキー」を利用します。任意のキーを押すと、指定したシーンへ一瞬で切り替えることができます。ホットキーは、OBS Studioの「設定」から設定できます。

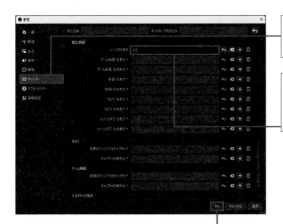

❶P.114の方法で「設定」を開き、[ホットキー]をクリックします。

❷ホットキーを設定したいシーンの「シーン切り替え」で、任意のキーを押します。

❸[OK]をクリックするとホットキーが設定され、画面が閉じます。元の画面に戻ったら、設定したホットキーでシーンが切り替わるかどうか確認してみましょう。

---

## Point » マルチビューでもシーンの切り替えができる

「マルチビュー」とは、1つの画面に複数のシーンをサムネイルのように一覧表示する機能のことです。[表示]メニュー→[マルチビュー（ウィンドウ）]または[マルチビュー（全画面）]の順にクリックすると、マルチビューが表示されます。各サムネイルをクリックすると、指定した画面に切り替わります。複数のカメラを使って配信している場合や、シーンの一覧ではどのシーンかわからなくなったときに活用するとよいでしょう。

# 48 静止画を挿入する

OBS Studioには、配信画面に静止画を表示する機能があります。待機画面、エンドカード、休憩画面、配信中の背景など、幅広い使い方ができます。

## 静止画を挿入する

配信画面に表示する画像は、さまざまなシーンで活用できます。たとえば配信開始直後や休憩中の画面に「準備中」「お待ちください」「休憩中」のメッセージを表示したり、配信画面が見やすくなるよう配信中の背景画像として表示したり、配信終了後のエンドカードに宣伝やプロフィール、SNSアカウントを表示したりするなど、アイデア次第で幅広い使い方ができます。

配信画面に画像を表示させるには、OBS Studioのソース追加から「画像」を選択します。あらかじめ画像を作成しておきましょう。

作成した「静止画」ソースは、シーンに追加して利用します（P.142参照）。

あらかじめ静止画を準備しておき、OBS Studioにソースとして追加します。

❶配信画面に表示したい静止画を用意しておきます。

**MEMO**

画面いっぱいに画像を表示したい場合は、1920×1080のサイズで画像を作成しましょう。

❷OBS Studioで➕→［画像］の順にクリックして、ソースを追加します。

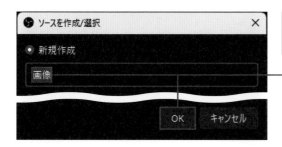

❸ソースの名前を入力し、［OK］をクリックします。

❹［参照］をクリックして、表示したい画像を選択します。プレビューに画像が反映されます。

❺［OK］をクリックします。

❻OBS Studioのプレビューに画像が反映されます。必要に応じて、大きさや位置を調整しましょう。

# 49 カウントダウン画面を用意する

YouTubeのライブ配信中、残り時間を表示するカウントダウンを活用することで、コンテンツを盛り上げることができます。

## カウントダウン画面を用意する

OBS Studioには、「スクリプト」という機能が搭載されています。スクリプトとは、プログラミング言語「JavaScript」を利用して、OBS Studioの機能を拡張できる機能です。プログラミングと聞くと少々難しく聞こえますが、OBS Studioにプリインストールされているスクリプトファイルを読み込むだけなので、かんたんです。

配信画面にカウントダウンを表示させたい場合は、OBS Studioのソース追加から「テキスト」を選択します。次に、「スクリプト」でカウントダウン用のスクリプトファイルを読み込み、作成したテキストソースを選択すれば、カウントダウンが表示されます。作成したカウントダウン画面は、シーンに追加して利用します (P.142参照)。

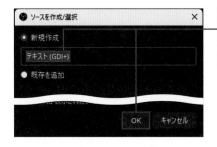

❶P.129の方法で、「テキスト (GDI+)」のソースを追加します。ソースの名前を入力し、[OK]をクリックします。

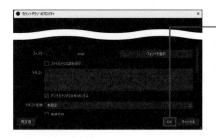

❷カウントダウンを表示するためのソースなので、テキストは入力せずに [OK] をクリックします。

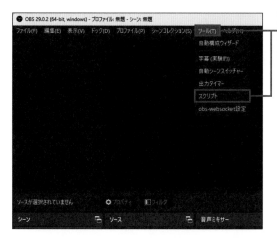

❸［ツール］→［スクリプト］の順にクリックします。

❹＋をクリックし、[countdown.lua]というファイルを選択します。

❺「Text Source」で、手順❶で作成したテキストソースを選択します。設定が完了したら、［閉じる］をクリックします。

**MEMO**

「Duration (minutes)」でカウントダウンの時間、「Final Text」でカウントダウン終了後に表示するテキストを設定できます。

❻プレビューにカウントダウンが表示されます。［ソースのプロパティを開く］をクリックすると、フォントの種類・色などを変更できます。

149

# 50 トランジションを設定する

動画の画面遷移を滑らかに行うために欠かせない「トランジション」は、ライブ配信ではシーンの切り替え時に設定すると効果的です。

## トランジションとは

　トランジションとは、画面の切り替わりを滑らかに行うためのアニメーションエフェクトです。P.142ではOBS Studioでシーンを切り替える方法を解説しましたが、何も設定しないと唐突に画面が切り替わり、視聴者が混乱してしまうことも少なくありません。その点、トランジションを設定しておくことで画面が徐々に切り替わるため、自然に次のシーンにつなげる効果が期待できます。

### 📶トランジションを設定しない場合は…

🔽 トランジションを設定しない場合は、いきなり画面が切り替わるので唐突な印象を与えてしまいます。

### 📶トランジションを設定した場合は…

🔽 トランジションを設定すると、配信が次の段階に移行することがわかりやすくなります。

# トランジションを設定する

　OBS Studioでシーンの切り替えにトランジションを設定する場合は、2つ以上のシーンを用意しておく必要があります。プレビューを確認しながら、トランジションを設定してみましょう。

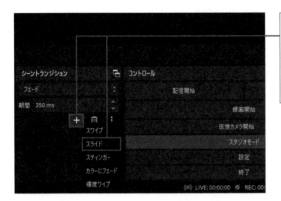

❶OBS Studioの画面下部にある「シーントランジション」の➕をクリックします。設定したいトランジションの種類をクリックします。

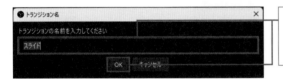

❷トランジションの名前を入力します。入力が完了したら、［OK］をクリックします。

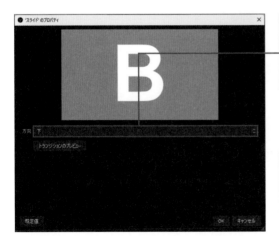

❸トランジションが表示される方向などを設定します。設定が完了したら、［OK］をクリックします。

### MEMO

［トランジションのプレビュー］をクリックすると、トランジションのアニメーションを確認できます。

❹選択したトランジションが、すべてのシーンに適用されます。「期間」に、トランジションの切り替え時間を入力します。

トランジションは、特定のシーンごとに設定することもできます。ほかのトランジションと差別化することで、視聴者にほかの画面切り替えとは異なる印象を与えることができます。

シーンを選択した状態で右クリックし、［トランジションを上書き］→任意のトランジションの順にクリックすると、一括設定したトランジションの設定に、選択したトランジションが上書きされます。

# OBS Studioで設定できるトランジションの種類

OBS Studioには、トランジションとして「カット」「フェード」「スワイプ」「スライド」「スティンガー」「カラーにフェード」「輝度ワイプ」の7種類が用意されています。それぞれの特徴は、次の表の通りです。

| トランジション | 説明 |
| --- | --- |
| カット | 次のシーンへ瞬時に切り替わります。初期状態では「カット」が設定されています。ほかのトランジションのように、期間や方向は設定できません。 |
| フェード | 前のシーンが次第に消えていき、徐々に次のシーンが表示されます。期間を設定できます。 |
| スワイプ | 次のシーンが前のシーンを上書きするようにして、設定した方向から表示されます。方向は、上下左右のいずれかを設定できます。 |
| スライド | 表示中のシーンを押し出しながら、次のシーンが設定した方向から表示されます。方向は、上下左右のいずれかを設定できます。 |
| スティンガー | 自分で作成したアニメーションを、トランジションとして設定することができます。 |
| カラーにフェード | 指定した色に切り替わりながら、次のシーンへ切り替わります。色と方向を設定できます。 |
| 輝度ワイプ | 指定した画像の形状に沿って、次のシーンが表示されます。指定できる画像は30種類以上が用意されています。 |

## Point » オリジナルのトランジションを設定する

OBS Studioに用意されているもの以外のトランジションを設定したい場合は、別途トランジション用の動画ファイルを用意しておく必要があります。インターネット上には、多くのトランジション動画が配布・販売されているので、お気に入りのものを見つけてください。また、オリジナルのトランジション動画を作成してもよいでしょう。

動画ファイルを用意できたら、「シーントランジション」の追加で「スティンガー」を選択し、動画ファイルを読み込めば設定できます。

# 51 フィルターを設定する

OBS Studioでは、追加した各ソースにフィルターを追加して加工することができます。映像や音声を加工することで、ライブ配信のクオリティが向上します。

## フィルターを設定する

ソースとして追加したマイクやカメラなどのハードウェアデバイスや、ブラウザ画面・ゲーム画面などのソフトウェアデバイスは、フィルター加工することで本来のポテンシャル以上のものを引き出し、品質を向上させることができます。

❶OBS Studioのソース一覧から任意のソースを右クリックし、[フィルタ]をクリックします。

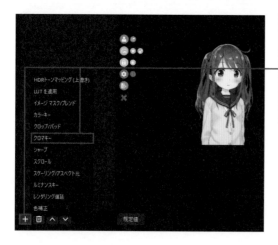

❷「(ソースの名前)のためのフィルタ」ダイアログが表示されたら、画面左下の➕をクリックします。フィルターの一覧が表示されるので、設定したいフィルターをクリックします。

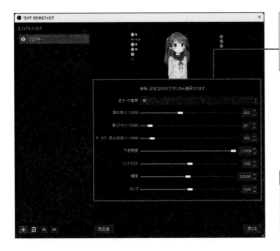

❸各項目を左右にドラッグしたり、キーの種類を変更したりして、フィルターを設定します。

**MEMO**

手順❶～❸をくりかえすことで、ソースに複数のフィルターを設定することができます。

## おすすめのフィルター設定

OBS Studioで各ソースに設定できるおすすめのフィルターは、次の通りです。

### ▶マイク

マイクに「ノイズ抑制」「コンプレッサー」などのフィルターを追加すれば、音質の向上が期待できます。フィルターの内容は、P.124～P.125を参照してください。

### ▶カメラ・ゲーム画面

カメラやゲーム画面など映像系のソースには、明るさやコントラストを調整できる「色補正」フィルターがおすすめです。

### ▶背景画像

背景に画像を設定している場合は、指定した色を透過できる「クロマキー」フィルターが便利です。複数の画像・映像系ソースを重ねるときに重宝します。

---

### Point » シーンにもフィルターを設定できる

フィルターは、ソースだけでなく、シーンに設定することもできます。シーンを右クリック→[フィルタ]→➕→任意のフィルターの順にクリックして設定しましょう。なお、シーンにフィルターを設定した場合は、シーン内の複数のソースに同じフィルター設定が適用されます。

# 52 BGMを挿入する

ライブ配信の雰囲気を演出するには、BGMが効果的です。楽曲の利用には、著作権への配慮が必要です。

## BGMを用意する

　OBS StudioでBGMを設定する場合、まずはBGMとして使用したい楽曲を用意する必要があります。落ち着いた静かな曲、ポップな曲、賑やかな曲など、配信の雰囲気に合わせて選びましょう。

　ただし、楽曲には著作権が存在します。作者や権利者の許諾を得ないまま音楽を流すと著作権侵害となり、YouTubeのアカウントが停止になってしまう場合があります。インターネット上にはYouTubeでの使用を許可しているフリーBGMサイトがたくさんあるので、そうしたサイトを利用するのがおすすめです。

⬆ YouTubeのアカウントアイコン→[YouTube Studio]→[オーディオライブラリ]の順にクリックするとアクセスできます。

YouTubeに一度でもログインしたことがあれば、YouTube公式のBGMサービス「オーディオライブラリ」を無料で利用できます。YouTubeでの配信用途に限られますが、著作権を気にせず安心して利用できます。

### Point » BGMが自分に聞こえない場合は？

OBS Studioの初期設定では、設定したBGMやマイクの音声は配信者自身には聞こえない設定になっています。BGMの音量ミキサーが左右に動いていれば視聴者にはきちんと聞こえているので安心してください。

# OBS StudioでBGMを設定する

　楽曲を用意できたら、OBS Studioで設定を行います。BGMはパソコンから流れるので、「設定」で「デスクトップ音声」を有効にしておく必要があります。次に、ソースで「メディアソース」を追加して楽曲を選択すればBGMが流れるようになります。

❶P.114の方法で「設定」を開き、「音声」メニューの「デスクトップ音声」を［既定］にしておきます。

❷➕→［メディアソース］の順にクリックします。

❸［参照］をクリックして、用意したBGMを読み込みます。設定できたら、［OK］をクリックします。

### MEMO

「ループ（繰り返し）」をオンにしておくことで、BGMの再生が終わっても自動的にループ再生されます。

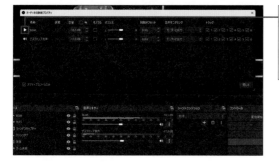

❹「オーディオの詳細プロパティ」ダイアログが表示されます。▶をクリックすると、BGMが再生されるようになります。

# 53 テロップを挿入する

視聴者に特に伝えたい情報がある場合は、テロップを活用しましょう。動的なライブ配信の画面で静的な文字情報はかなり目立つので、印象に残りやすいです。

## テロップの活用シーン

　ライブ配信において、テロップはさまざまなシーンで活用できます。ここでは、その一例をいくつか紹介します。

### ◎WebサイトのURLやSNSアカウント

WebサイトのURLを表示すると自社のアピールになり、アクセス数の増加が期待できます。また、SNSアカウントを表示してフォローしてもらえば、視聴者との交流がしやすくなります。

### ◎告知・宣伝

YouTubeでは、告知も1つの配信コンテンツとして成立しています。イベントの開催情報、商品・サービスの紹介、次回の配信日程などをテロップで表示することで、プロモーション効果が期待できます。告知に関する視聴者からのリアルタイムの質問に回答できるのも、大きなメリットです。

### ◎視聴者への注意事項

ライブ配信では、さまざまな人が視聴し、コメントを残してくれます。初見の人でも気軽にライブ配信へ参加してもらうためにも、「コメントは自由に残してください」のようにテロップで注意事項を表記すると雰囲気がよくなるでしょう。

もっとも、視聴者の自主性に任せているとライブ配信の空気が荒れてしまうことも少なくありません。視聴する上でのルールを記載しておくことも重要です。たとえば、質問などは配信の最後の質疑応答の時間にすることや、視聴者のコメントどうしで喧嘩をしないなどといった注意を入れておくとよいでしょう。

# テロップを設定する

テロップは、OBS Studioのソースで「テキスト(GDI+)」を追加すると設定できます。テロップは、フォントの種類や色、輪郭などを調節できます。SNSアカウントやハッシュタグのように常時表示させたいテロップと、一時的に表示させたい告知などのテロップは、P.142の方法でシーンを分けて管理することをおすすめします。

❶P.129の方法で、ソースの一覧に「テキスト(GDI+)」を追加します。ダイアログが表示されたら、「テキスト」にテロップとして表示させたいテキストを入力します。設定が完了したら、[OK]をクリックします。

**MEMO**

[フォントを選択]をクリックするとフォントの種類、[色を選択]をクリックするとフォントの色を設定できます。背景や輪郭なども設定できます。

❷テロップが挿入されました。プレビュー画面で、テロップの位置や大きさを調整しましょう。

**MEMO**

テロップは、初期設定で常に表示されています。P.133のPointの方法で、表示/非表示を切り替えることができます。

---

### Point » テロップをスクロールする

挿入したテロップにフィルターを適用すると、水平または垂直方向にスクロールするアニメーション効果を設定できます。[テキスト(GDI+)]を右クリックし、[フィルタ]→「+」→[スクロール]の順にクリックして、「水平速度」または「垂直速度」のバーをドラッグして速度を調整します。

# 54 フレームを挿入する

配信画面をきれいに飾れるフレームを活用しましょう。フレームは、「画像」の
ソースとして挿入します。

## フレームを挿入する

　ライブ配信におけるフレームの重要性については、P.68で紹介しました。ここでは、
用意したフレームをOBS Studioに挿入する操作を解説します。

❶➕→[画像]の順にクリックします。

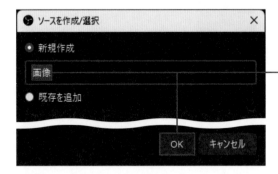

❷ソースの名前を入力し、[OK]をクリックします。

❸[参照]をクリックして、フレーム画像を選択します。選択できたら、[OK]をクリックします。

❹フレームが挿入されました。このままでは配信画面の前面にフレームが配置されているので、「ソース」でメインの配信画面のソースをドラッグしていちばん上に配置します。

❺プレビュー画面で配信画面やフレームの上下左右四隅をドラッグし、大きさを調整します。画面をドラッグして、位置を調整します。

❻同様の操作で、そのほかのフレームやロゴ用フレームを配置すれば完成です。

# 55 切り抜きで人物を入れ込む

OBS Studioの「クロマキー」フィルターを使って背景を透過し、人物を配信画面に馴染ませる方法を紹介します。

## 切り抜きで人物を入れ込む

　「クロマキー」とは、背景を単色に設定することでその色をまとめて除去し、そこに別の映像を合成する映像テクニックです。たとえばWebカメラの背景を緑色にした状態で映っている人物をクロマキー合成すると、山や海など別の背景に合成することができます。

　ライブ配信でも、クロマキー合成を使用することができます。OBS Studioにはクロマキー機能が搭載されており、「グリーンバック」と呼ばれる緑色の単色背景と人物をWebカメラで映せば、好きな画像や画面と合成することができます。

◎ クロマキーで切り抜いた人物画像を別の背景画像に合成することで、一緒に映っているかのように表示することができます。

---

### Point » グリーンバック

YouTubeのクロマキー合成でよく使用されている緑色の単色背景「グリーンバック」は、Amazonなどのネットショップで2,000～10,000円の価格帯で販売されています。Webカメラの人物を配信画面に映してほかの映像と合成したい場合に必須のアイテムなので、用意しておきましょう。なお、バーチャルアバターの場合は、アバターソフトにクロマキー用の背景が標準搭載されていることが多いです。

# OBS Studioでクロマキー合成する

　グリーンバックを背景にした人物映像と合成用の背景素材を用意できたら、OBS Studioでクロマキー合成してみましょう。人物映像に「クロマキー」フィルターを適用すると、かんたんにクロマキー合成を実現できます。

❶合成したい人物映像と背景素材をソースに追加します。Webカメラの映像を使う場合は、ソースとして「映像キャプチャデバイス」を追加します。背景に写真を合成する場合は、ソースとして「画像」を追加します。

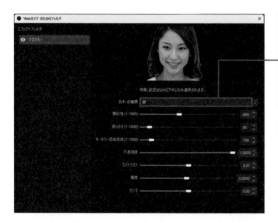

❷人物のソースを右クリックして、[フィルタ]→➕→[クロマキー]の順にクリックします。「色キーの種類」で[緑]を選択し、[閉じる]をクリックします。

### MEMO

人物と背景素材との境界線が荒いなどきれいに合成できない場合は、「クロマキー」エフェクトフィルタの各種エフェクトを調整します。

❸プレビューに、人物と背景が合成された映像が反映されます。

## 56 コメント表示アプリを使う

ライブ配信画面に視聴者から送られたコメントを表示させると、コミュニケーションが捗って配信が盛り上がります。

## コメント表示アプリとは

　エンコーダ配信ソフトの中には、標準で配信画面にコメントを表示させる機能が搭載されたものもありますが、残念ながらOBS Studioにはそうした機能がありません。そのため、外部のコメント表示アプリを使って表示する方法か、ウィンドウをキャプチャして表示する方法のどちらかを選択する必要があります。

### 📡外部のコメント表示アプリを使う

サードパーティー製のコメント表示アプリとOBS Studioを連携させることで、OBS Studioの配信画面にコメントを表示することができます。本項では、人気のコメント表示アプリ「わんコメ」を使ってコメントを表示する手順を解説していきます。

### 📡ウィンドウをキャプチャする

OBS Studioのソースに「ブラウザ」を追加し、YouTubeのライブ配信時に表示されるチャットのURLを指定する方法です。外部アプリとの連携や設定が不要で、手軽に設定できるのがメリットです。「わんコメ」公式サイトにYouTubeアカウントでログインし、「すべてのウィジェット」メニュー→[チャットボックス]をクリックし、[クリックしてウィジェットURLをコピー]をクリックしてURLをコピーします。次に、OBS Studioで「ブラウザ」ソースを追加し、「URL」に先ほどコピーしたURLを貼り付けると、コメントを表示できるようになります。ただし、配信のたびに画面キャプチャの読み込み先を設定し直す必要があるので少々面倒です。

# コメント表示アプリと連携させる

「わんコメ」は、OBS Studioと連携してライブ配信画面にコメントを表示させるためのアプリです。テンプレートを使ってデザインを自由に設定できるほか、複数の配信サイトでのコメントを取得したり、音声読み上げをしたり、特定のコメントが送られたときに特別な画像・アニメーションを表示させたりするなど、便利な機能が豊富に用意されています。まずは、「わんコメ」の公式サイトでアプリをインストールしましょう。

❶わんコメ公式サイト (https://onecomme.com/) にアクセスし、各OSのダウンロードボタンをクリックします。

❷「わんコメ」アプリを起動し、「YouTube」アイコンをクリックします。

❸YouTubeにログインしている
Googleアカウントとパスワード
を入力し、ログインします。こ
れで、「わんコメ」とYouTubeが
連携されます。

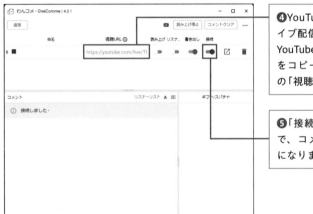

❹YouTubeとOBS Studioで、ラ
イブ配信枠を作成しておきます。
YouTubeのライブ配信画面でURL
をコピーし、「わんコメ」アプリ
の「視聴URL」に貼り付けます。

❺「接続」をオンにします。これ
で、コメントを取得できるように
なります。

❻次に、コメントのデザインテン
プレートを設定します。「…」
→[テンプレート]の順にクリッ
クします。

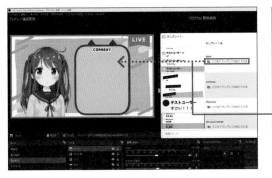

❼デザインテンプレートの一覧が表示されます。テンプレートは15種類用意されています。利用したいテンプレートのサムネイル右側にある「ここをドラッグしてOBSに入れる」を、OBS Studioのプレビュー画面までドラッグします。ソースの一覧に「ブラウザ」ソースとして追加されるので、大きさや位置を調整します。

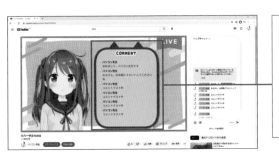

❽YouTubeの視聴用ページにアクセスすると、視聴者から送られたコメントが反映されていることがわかります。コメントの大きさや表示位置の調整のため、最初は限定配信にして確認することをおすすめします。

### MEMO

「わんコメ」アプリの有料版である「わんコメPRO」を購入すると、さらに7種類のテンプレートを追加して利用できます。「わんコメPRO」はPixiv FANBOX（https://one-comme.fanbox.cc/）で販売しており、500円以上支援すればライセンスキーを入手できます。

### Point » コメントの文字の大きさや色を変えたい

「わんコメ」アプリで追加したコメントが見づらい場合は、手順❼の「テンプレート」画面の右上にある［テンプレエディタ］→［For 4.2-4.3］の順にクリックします。適用しているテンプレートの設定画面が表示されるので、「コメント文字サイズ」のバーを右方向に動かして文字を大きくしたり、「コメント文字色」で色を変更したりして調整します。

# 複数箇所から配信する

別々の場所にいる人どうしで同時にライブ配信を行いたい場合は、「OBS Ninja」というWebアプリケーションを利用するのがおすすめです。

## OBS Ninjaを利用する

　YouTubeライブ配信で複数箇所からの配信を行いたい場合は、「OBS Ninja」というWebアプリケーションを利用します。OBS Ninjaでは、複数人のゲストをルームに招待し、OBS Studioに「ブラウザ」ソースとして追加することで、1つの配信画面にゲストの映像を表示することのできるツールです。Webブラウザ上で動作するため、別途ソフトをダウンロードする必要がありません。また、会員登録やログインも不要、無料で利用できます。セミナー、オンラインイベント、リモートワーク、ゲームのコラボ配信など、幅広いシーンで活用されています。

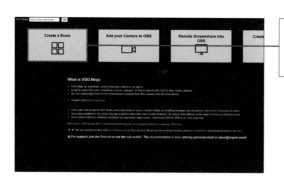

❶OBS Ninjaの サ イ ト (https://vdo.ninja/)にアクセスし、[Create a Room]をクリックします。

---

### Point » OBS Ninja

OBS Ninjaは、オンラインでのビデオ会議やライブストリーミングを手軽に行うことができるWebアプリケーションです。利用者は、OBS NinjaのWebページにアクセスし、ルームを作成します。また、画面共有も可能であり、ブラウザを通じてほかの人とリアルタイムで共同作業をすることもできます。

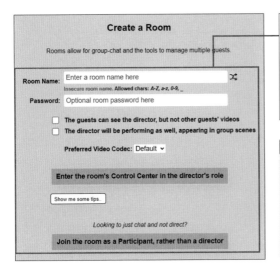

❷ルームの作成画面が表示されます。「Room Name」にルームの名前、「Password」にパスワードを入力します。最後に、[Enter the room's Control Center ]をクリックしましょう。

**MEMO**

OBS Ninjaは海外のWebツールなので、日本語に対応していません。また、Webブラウザの翻訳機能にも対応していません。本項で解説する手順通りに操作すれば問題はないので、気軽に使ってみてください。

❸「INVITE A GUEST」にルームのURLが表示されます。[copy link]をクリックして、URLをコピーします。チャットやメールなどで、ゲストにルームのURLとパスワードを教えて招待します。

❹P.203の方法で相手がルームに参加し、配信をスタートすると、OBS Ninjaの画面に相手の映像が表示されます。「copy solo view link」をクリックして、相手の映像のリンクをコピーします。

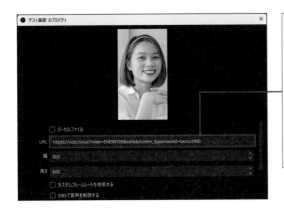

❺OBS Studioのソースに、「ブラウザ」ソースを追加します。ブラウザソースの「URL」に手順❹でコピーしたURLを貼り付け、「OK」をクリックすると配信画面上に相手の映像が表示されるようになります。あとは、サイズや位置などを見やすく調整しましょう。

# 58 複数のカメラやマイクを使用する

OBS Studioで複数のカメラやマイクを連携させることで、複数の画面を一画面に収めたり、画面を切り替えたりすることができるようになります。

## 複数のカメラを使用する

OBS Studioに複数のWebカメラを設定する方法はとてもかんたんです。パソコンにWebカメラを接続した状態で、OBS Studioのソース一覧に「映像キャプチャデバイス」ソースを追加してWebカメラ名を選択します。

2台目のカメラをパソコンに接続し、ソースの「＋」→[映像キャプチャデバイス]の順にクリックしてソース名を入力します。プロパティの「デバイス」のプルダウンから、配信画面に表示したいカメラの名前を選択します。追加後は、位置やサイズなどを調整します。同様の手順で、ほかのカメラも追加できます。

1つのシーンに複数のカメラを追加すれば、テレビのワイプのような複雑な演出ができます。また、配信途中に1台のカメラの映像だけに切り替えたいときは、別途シーンを作成してソースをそのカメラだけにしておくとよいでしょう。

# 複数のマイクを使用する

　OBS Studioに2本目以降のマイクを追加するには、パソコンにマイクを接続した状態で、OBS Studioのソース一覧に「音声入力キャプチャ」ソースを追加します。「デバイス」でマイク名を選択すれば、2本目のマイクが設定されます。

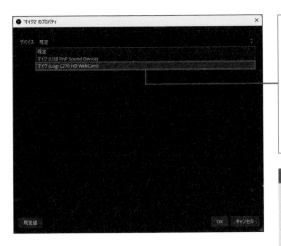

❶2本目のマイクをパソコンに接続し、ソースの＋→［音声入力キャプチャ］の順にクリックしてソース名を入力します。プロパティの「デバイス」のプルダウンから、配信で使いたいマイクの名前を選択します。同様の手順で、ほかのマイクも追加できます。

**MEMO**

外付けのWebカメラをOBS Studio上でマイクとして扱うこともできます。設定方法はP.127の手順と同じですが、プロパティの「デバイス」でWebカメラの名前を選択しましょう。

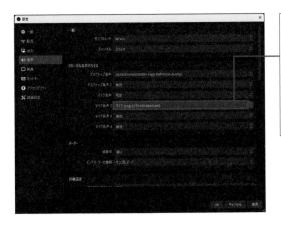

❷ソースを追加できたら、OBS Studioの「設定」を開きます（P.114参照）。「音声」メニューの「グローバル音声デバイス」にある「マイク音声2」のプルダウンで、手順❶で追加したマイクの名前を選択して［OK］をクリックします。

# 59 複数サイトで同時に配信する

ライブ配信プラットフォームは、YouTube以外にもたくさんあります。複数のサイトで同時に配信することで、視聴者を増やすことにつながります。

## OBS Studioを使った同時配信

YouTubeは世界最大のライブ配信サイトですが、ほかにもライブ配信サイトはたくさんあります。近年はこうしたサイトが増加したことで、視聴者が分散する傾向にあり、YouTubeだけで一定数の視聴者を獲得するのが難しい状況になりつつあります。そこでおすすめしたいのが、OBS Studioを使った同時配信です。複数のサイトで同時に配信することで、各サイトの視聴者を集客できます。ただし、OBS Studioのシステム上は可能であっても、規約で同時配信を禁止しているサイトもあります。規約との兼ね合いや自分の配信スタイルに合わせて、慎重に行う必要があります。

⬆ OBS Studioを使うと、複数の配信サイトでの同時配信が実現できます。上の画像では、YouTube Liveとニコニコ生放送で同時に配信をしています。

### Point » 事前に回線速度を確認しておこう

同時配信をする際にもっとも注意したいのが、回線速度です。1つのネット回線を複数のライブ配信に使用するため、通常よりも負荷がかかり、遅くなりやすい傾向があります。配信の内容にもよりますが、目安として上り100Mbps以上の通信環境は確保しておきたいところです。なお、同時配信の場合はパソコンへの負荷も大きくなるので、高スペックなパソコンで配信するようにしましょう。

# 同時配信ができるサイト

OBS Studioでは、YouTube以外にも国内外約90種類の配信サイトに対応しています。それぞれのサイトの特徴を理解して選びましょう。なお、同時配信はパソコンや回線にかなりの負荷がかかります。そのため、同時に配信するのは「YouTube」を含めて2つまでにしておくのがよいでしょう。おすすめは、日本のユーザーが多く同時配信を規約で禁止していない、「ニコニコ生放送」「ツイキャス」です。

## 主な配信サイトの特徴

| プラットフォーム | URL | 特徴 |
| --- | --- | --- |
| ニコニコ生放送 | https://live.nicovideo.jp/ | 日本を代表する老舗の配信プラットフォームです。コメント機能が充実しており、有料会員制度も整っているので収益性も高いです。主な視聴者層は、日本国内の10〜40代の男女。アニメ・ゲーム・音楽ジャンルに強いです。 |
| ツイキャス | https://twitcasting.tv/ | 株式会社モイが運営する、ライブ配信専用のプラットフォームです。声のみの雑談配信やゲーム画面を表示させたゲーム実況など、多様な配信が可能です。ギフトという独自の収益機能があります。主な視聴者層は10〜30代の男女。ゲーム・雑談・音楽・ダンスジャンルが人気です。 |
| Twitch | https://www.twitch.tv/ | Amazonが運営する、ゲーム配信・eスポーツ専用のプラットフォームです。特に海外での人気が高いです。主な視聴者層は10〜30代の男性。YouTubeのような遅延がほとんどなく、ほぼリアルタイムかつ高画質で視聴できます。パートナープログラムなど、多数の収益源が用意されています。アーカイブは一定期間しか残りません。なお、Twitchで収益化している人は規約上同時配信はできません。 |
| OPENREC.tv | https://www.openrec.tv/ | 株式会社OPENRECが運営する、ゲーム配信・eスポーツに特化した新興のプラットフォームです。エフェクトなどを使って、配信画面を自由にカスタマイズできます。主な視聴者層は10〜30代の日本人男性。ほかのプラットフォームと比較すると視聴者数は少なめなものの、継続して配信している配信者を優遇する傾向にあり、多数の収益源が用意されています。 |
| BIGO LIVE | https://bigolive-jp.com/ | シンガポールのBIGO Technology Pte. Ltd.が運営する、ライブ配信プラットフォームです。日本では知名度が低いですが、世界で4億人以上が利用しています。顔出しなしのラジオ配信やゲーム配信、2人の配信者が盛り上がりを競うPK配信など、多彩な配信ができます。投げ銭・ギフト・時給などの収益源が用意されています。主な視聴者層は10〜30代の男女。 |

# OBS Studioで同時配信する

OBS Studioの同時配信は、メインとなるYouTubeの放送を録画し、サブの配信サイトでそれを再生するしくみとなっています。最初に、配信したいサイトの会員登録を行います。登録が完了したら、「ストリームキー」と呼ばれるライブストリーミング配信の認証キーと配信用のURLを取得します。取得したストリームキーとURLを使い、OBS Studioの「設定」で出力先として登録します。ここでは、例としてYouTubeとニコニコ生配信で同時配信する方法を解説します。

❶配信したいサイトにアクセスし、会員登録を行います。画面の指示に従って必要事項を入力して登録し、ログインしておきましょう。

❷ライブ配信用のストリームキーとURLを取得します。ニコニコ生放送の場合は、[放送する]→[番組を作成する]の順にクリックして、ライブ配信画面下部の「URL」と「ストリームキー」に記載された情報をコピーします。

### MEMO

ストリームキーとURLの取得方法は、配信サイトによって異なります。詳しくは、公式サイトのヘルプなどを確認してください。

## Point » 複数サイトのコメントを取得する

同時配信の強みを活かすためにも、各サイトからのコメントを取得することが大切です。P.164で解説したコメント表示アプリ「わんコメ」を使えば、複数サイトからのコメント取得もかんたんにできます。ただし、OPENREC.tvとBIGO LIVEには対応していません。その場合は、ほかのコメント表示アプリを使いましょう。

❸OBS Studioで、「設定」を開きます。[出力]をクリックし、「出力モード」を「詳細」に変更します。

❹続いて、「録画」タブの「種別」を「カスタム出力 (FFmpeg)」に切り替えます。「FFmpegの出力の種類」を「URLに出力」に切り替え、「ファイルパスまたはURL」の入力欄に「URL」＋「/ (スラッシュ)」＋「ストリームキー」を組み合わせた文字列を入力します。設定できたら、[OK]をクリックして閉じましょう。

❺YouTubeとサブの配信サイトでライブ配信の枠を作成したら、[配信開始]をクリックしてYouTubeのライブ配信を開始します。

❻次に、[録画開始]をクリックすると、サブの配信サイトでも同じ内容のライブ配信が開始されます。

## Point » ライブ配信を録画できない

OBS Studioの録画の設定がうまくできていないと、「録画ができません」というエラーが表示されます。配信環境によってエラーの原因は異なりますが、よくある原因としては「出力」設定の「配信」でエンコーダが「NVIDIA NVENC H.264」などパソコンのグラフィックボードをきちんと設定できていないこと、「出力」設定の「録画」で「コンテナフォーマット」が「mp4」に設定できていないことなどが考えられます。今一度、出力関係の設定を見なおしてみましょう。

# OBS Studioの詳細設定

OBS Studioの「設定」には、2種類の詳細設定があります。YouTubeで普通に配信する分には特に変更しなくても問題ありませんが、画質や音質にこだわりたい人や、複数のサイトで同時配信をしたい人は、どのようなことが設定できるのかを知っておいたほうがよいでしょう。

## ● 詳細設定

「設定」で[詳細設定]をクリックすると、「詳細設定」が表示されます。「詳細設定」では、主に映像の色調を変更したり、録画したライブ配信映像のファイル名などを編集したりできます。

## ●「出力」設定の「詳細」モード

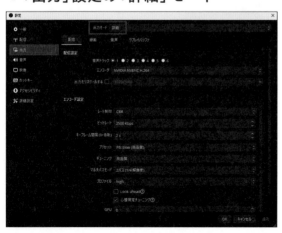

「設定」で[出力]をクリックし、「出力モード」を「詳細」に変更すると、配信・録画・音声に関する詳細な設定を行えるようになります。主に、P.174で解説した同時配信の設定や音質の設定などを行うときに使用します。

# 第 **6** 章

## YouTubeでセミナーを配信する

## 60 オンラインセミナーとは

近年は、企業や団体によるYouTubeの活用が増加しています。その一環として注目されているのが、ライブ配信によるオンラインセミナーです。

## オンラインセミナーのメリット

　セミナーは、専門的な知識や技術を学ぶための場です。一般的には、講師が講義を行い、参加者が質問や意見交換を行う形で学習を行います。セミナーの内容は多岐にわたり、ビジネスや専門分野などさまざまなテーマのセミナーが開催されています。

　セミナーは、従来は会場を借りて参加者に足を運んでもらうことが一般的でした。しかし、近年、オンライン学習のニーズが高まってきました。ここでは、ライブ配信によってセミナーを開催する場合の5つのメリットをご紹介します。

### ⧉①場所に縛られない

オンラインでセミナーを配信すれば、場所にとらわれることなくセミナーを開催できます。また、アーカイブを残すことであとから視聴することもできるため、より多くの人に参加してもらえます。

### ⧉②コスト削減が可能

オンラインでセミナーを配信すれば、会場・人員・設備などのコストを抑えることができます。自宅や会社からでも手軽に配信でき、移動のための交通費や宿泊費なども必要ありません。

### ⧉③視聴者とのやり取りがしやすい

オンラインでセミナーを配信中すれば、視聴者とリアルタイムでやり取りができます。また、アンケート機能を利用して視聴者からの質問やコメントを即座に受け取ることができます。

### ④視聴者が参加しやすい

オンラインでセミナーを配信すれば、パソコンやスマートフォンなどインターネットに接続できる端末があればどこからでも視聴が可能なため、参加しやすい環境を用意できます。

### ⑤視聴者数の拡大が可能

会場形式のセミナーは、場所・時間・人数の制約から、予定が合う人しか参加できません。オンラインでセミナーを配信すれば、世界中の人が対象になるため、参加者数の拡大が期待できます。

## YouTubeでセミナーを配信するメリット

　YouTubeを利用してオンラインセミナーを行うメリットとしては、いくつかの点が挙げられます。YouTubeは世界中に多くの利用者がおり、多くの人にアクセスしてもらえる可能性が高いプラットフォームです。さらに、ブラウザやYouTubeアプリを利用することで、視聴者はスマートフォンやタブレット、パソコンなど、さまざまなデバイスで視聴することができます。

　また、YouTubeには過去の動画がアーカイブされるため、リアルタイムでの参加が難しい場合でも、あとから視聴することができます。

　また、視聴者がGoogleアカウントを作成していない場合も、視聴のみなら可能です。視聴者側の負担が少ないことも、メリットの1つといえるでしょう。

---

**Point »** **ウェビナーはオンラインセミナーと同じ意味で使われている**

最近よく使われるようになった「ウェビナー」は、「Web（ウェブ）」と「Seminar（セミナー）」を合わせてできた言葉です。オンラインセミナーと同じ意味で使われていると考えてよいでしょう。ウェビナーは、ほかにもWebセミナーやインターネットセミナーなどと呼ばれることもあります。

---

# 61 セミナー配信に必要な機材・アプリを準備する

YouTubeでセミナーを開催するには、機材やアプリが必要です。基本的には、エンコーダ配信と共通の準備を行います。

## 必要な機材を準備する

セミナー開催に必要な機材は、次の通りです。カメラ、マイク、照明、三脚は必須と考えてください。

### カメラ

セミナーの様子を撮影するためのカメラが必要です。パソコンに内蔵されているWebカメラでも配信できますが、さまざまな角度から撮影したい場合は、デジタル一眼カメラやビデオカメラの使用がおすすめです。登壇者の数が多い場合は、複数台用意しておくとよいでしょう。

### マイク

セミナーでは、視聴者が講演者の声をしっかりと聞けるよう、高品質なマイクを使用することが重要です。パソコンの内蔵マイクやBluetoothマイクではなく、接続が安定する単一指向性の有線マイクがおすすめです。登壇者の人数が多い場合は、複数台用意しておきましょう。

### 照明

明るく見やすい映像を撮影するためには、照明が必要です。動画撮影では、広範囲に光が広がるリングライトがよく使われています。

### 三脚

映像をブレずに撮影するためには、カメラをしっかりと固定できる三脚が必要です。ある程度の範囲で高さを調整できる製品がよいでしょう。

### オーディオミキサー

複数のマイクを使用する場合は、オーディオミキサーが必要です。各マイクの音質・音量を一括で調整し、1つの音源へまとめて出力してくれます。

### オーディオインターフェイス

複数の音源を同時に扱う場合は、オーディオインターフェイスが必要です。また、高品質な音声で配信する場合にもオーディオインターフェイスがあるとよいでしょう。そのほか、複数のマイクからの音声を混合する場合、オーディオインターフェイスを使用することでミキサーとしての機能を果たすことができます。

### スイッチャー

複数台のカメラやパソコンの画面を切り替えるときに使用する機器です。登壇者が話しているときは登壇者、資料を見てほしいときはパソコン画面へと、瞬時に切り替えることができます。

## 必要なアプリを用意する

セミナー開催に必要なアプリやSNSアカウントは、次の通りです。

### エンコーダソフト

セミナーでカメラやマイクなど多くの機材を扱う場合、OBS Studioなどのエンコーダソフトが必要になります。エンコーダソフトを使用することで、カメラやマイクからの映像・音声を配信用のデータに変換し、YouTubeなどの配信プラットフォームに送信することができます。

### Twitterアカウント

日本で人気の高いSNS「Twitter」は、セミナーの告知や宣伝などに活用されています。ハッシュタグを使用することで、より多くの人に認知・アクセスしてもらうことができます。Twitterアカウントは必ず取得しておきましょう。そのほか、企業用途であればFacebookアカウントを用意しておくとよいでしょう。

### Googleドライブ

Googleドライブは、クラウド上にファイルを保存できるストレージサービスです。セミナーの資料をGoogleドライブにアップロードし、視聴者にURLを渡してダウンロードしてもらうことが可能です。

# 62 セミナー配信に必要な スタッフを準備する

YouTubeライブ配信を使ったセミナーは、1人で行うには負担が大きくなります。スタッフを確保するのがおすすめです。

## 必要な人員を用意する

　YouTubeでセミナーを行う場合、セミナーの規模や参加人数によって異なるものの、主に3つの役割を担うスタッフが必要となります。

### 主催者

主催者は、セミナーを企画・運営する責任者です。参加者への情報提供や質問対応などの役割を担います。以下は、主催者が行うことの具体例です。

- ・参加者への情報提供：セミナーの日程や内容、参加方法などの情報提供を行います。
- ・セミナーの進行管理：進行役と協力して、スケジュールの管理や司会進行などを行います。
- ・質問収集：参加者からの事前質問を収集します。SNSやメールなどで寄せられることが多いです。
- ・セミナーの宣伝：各種メディアやSNSなどでセミナーを告知・宣伝し、参加者を募集します。
- ・参加者の管理：参加者情報の管理を行います。
- ・配信場所の手配：開催規模に合わせて、配信場所を手配します。インターネット環境や音響など、配信場所の設備も確認する必要があります。

### 進行役

進行役は、セミナーをスムーズに進行するための役割を担います。時間管理や司会進行などを行います。以下は、進行役が行うことの具体例です。

- ・時間管理：セミナーの時間管理を行い、各発表者の時間を調整する、タイムキーパーのような役割です。
- ・司会進行：発表者の紹介や、セッションの説明を行います。

- ・質問の受け付け：参加者からの質問に対応し、回答する質問の選定や優先順位を決定します。
- ・質問の読み上げ：セミナー参加者からの質問を読み上げ、発表者に回答を求めます。
- ・閉会挨拶：セミナーの最後にまとめや感想、案内を述べて締めます。

### 技術スタッフ

技術スタッフは、配信や撮影、音声・映像の調整といった技術的な役割を担います。トラブルが発生した場合には、迅速に対応することが求められます。配信や機材について、ある程度の知識がある人が望ましいです。以下は、技術スタッフが行うことの具体例です。

- ・YouTubeの配信準備：配信用のカメラやマイク、照明などの準備を行います。
- ・音声や映像の調整：音声や映像の品質を確認し、必要に応じて調整を行います。
- ・トラブル対応：配信中にトラブルが発生した場合は、すばやく対処します。
- ・配信の管理：配信の開始・停止、各種ツールの操作などを行います。
- ・アーカイブの編集：不要な部分をカットしたり、字幕をつけたりといった編集を行います。

## セミナーの人員の集め方

　それでは、セミナー開催に必要な人員はどのように確保すればよいのでしょうか。以下はその具体例です。スタッフの数が多ければ、前述した役割の細分化が可能になりますし、当日欠員が出た際にも対応できます。予算などの問題はあるものの、可能な限り、多くの人員を集めるようにしましょう。

- ・自社スタッフ：自社でスタッフを募集します。
- ・外部スタッフ：求人情報サイトやSNSなどを活用して、セミナースタッフの募集を行います。適切な条件を提示することで、多くの応募が期待できます。
- ・専門業者：セミナー運営に特化した専門業者を利用します。費用はかかりますが、スタッフの手配や運営を業者が行ってくれるため、主催者はセミナー本来の準備に集中できます。

# 63 セミナー配信に必要な画像や BGMを準備する

セミナーを開催する際は、視聴者に興味を持ってもらい内容を理解しやすくするために、適切な画像やBGMを使用することが大切です。

## 必要な画像を準備する

YouTubeでセミナーを開催する場合に準備しておきたい画像は、次の通りです。

### ⧉セミナーのタイトル画像

セミナーのタイトルや主催者のロゴが入ったタイトル画像は、セミナーのイメージを形成する顔のような存在です。セミナーの宣伝時や、開始直後、終了時に表示することが多いです。写真を入れる場合は、セミナーのテーマや講師に関連したものを選びます。セミナーの内容を簡潔に説明するテキストを追加するのも効果的です。印象的なセミナー画像に仕上げるために、プロのデザイナーに依頼することも多いです。

### ⧉スライド

セミナーの内容を資料としてまとめたスライドは、参加者が内容を理解する上で非常に重要です。スライド制作には「PowerPoint」や「Googleスライド」を使用し、テキストや画像を使って話の流れに沿って内容を整理します。講師や話者が制作することが多いですが、主催側も内容や進行上の不備がないか、著作権上の問題がないかを事前に確認しておく必要があります。

### ⧉講師の経歴

セミナー講師の経歴を表記した画像を用意しておくと、資格や専門性をアピールできます。事前に講師にヒアリングして制作しておきましょう。

# 必要なBGMを準備する

YouTubeのセミナー中は、無音ではなくBGMがあると雰囲気作りをしやすくなり、無用な沈黙も防げます。特にセミナーが始まる前や休憩中、終わったあとに流すようにすると効果的です。BGMの種類には、次のようなものがあります。

### ♫ ジャズ

ジャズは、上品で洗練された雰囲気を演出できます。サックスやトランペットの音色が特徴的で、ピアノやベースなどの楽器もよく使われます。ジャズにはスタンダードな曲からアップテンポ、スローテンポな曲とさまざまなものがあるため、セミナーの内容に合わせて選曲することが重要です。

### ♫ ピアノ楽曲

落ち着いた雰囲気の演出やリラックス効果が期待できます。ピアノ楽曲には感情を揺さぶる効果があり、感動的な場面で使用されることも多いです。

### ♫ アンビエント (環境音楽)

アンビエントは、ゆったりとした雰囲気を演出できる楽曲ジャンルです。シンセサイザーや自然の音がよく使われます。おだやかで、ゆっくりとした曲調が多いのも特徴です。適切なシーンで活用すれば、集中力を高めたり、リラックスした雰囲気の演出に効果が期待できます。

### ♫ クラシック音楽

クラシック音楽は、知的で落ち着いた印象を与えます。ビジネスセミナーなど、フォーマルな雰囲気のセミナーで使用されることが多いです。

BGMは視聴者の興味を引き付けるために重要な存在ですが、あまりに派手だったり音量が大きすぎたりすると、セミナーの進行を邪魔することもあります。BGMはセミナーの内容に合わせて選曲し、バランスを取ることが重要です。

また、ほとんどの楽曲には著作権があるので注意が必要です。著作権フリーのBGMを配布しているWebサイトや、著作権が切れている楽曲を使用するのがおすすめです。

## 64 YouTubeでセミナー配信の設定をする

セミナーの日程や内容が決まったら、YouTubeで各種設定を行います。YouTubeで配信枠を作成し、必要な設定を行っていきましょう。

## YouTubeで各種設定をする

　セミナーを開催するときは、スケジュールで配信枠を作成しておくのが基本です。配信開始の日程と時間を設定し、配信URLを取得することで、SNSなどでの宣伝が行えます。

❶YouTubeの画面で[作成]→[ライブ配信を開始]→[管理]の順にクリックします。

❷[ライブ配信をスケジュール設定]をクリックし、スケジュール設定で配信枠を作成します。

# 配信のタイトル

　配信のタイトルは、視聴者が一目でセミナーの主題や目的を理解できるようなタイトルを作成します。関連するキーワードを盛り込むことで、視聴者が検索で見つけやすくなります。目安として、検索した際に表示される1行目（パソコン：35文字前後、スマートフォン：15文字前後）にキーワードを盛り込むのがおすすめです。なお、YouTubeのタイトルには100文字以内という文字数制限があります。長すぎるタイトルは読みづらくなるため、短くわかりやすい表現を心がけましょう。

# 配信の説明

　YouTubeでセミナーを開催するときの説明欄には、以下の内容を盛り込みましょう。

・セミナーの詳細：セミナーの内容、目的、対象者などを記載します。
・タイムスタンプ：セミナーの各セクションやトピックごとにタイムスタンプを記載することで、あとからアーカイブを視聴する視聴者が特定の部分へジャンプできるようになります。セミナー終了後に追記しておきましょう。
・講師の紹介：講師の経歴や専門分野を紹介します。
・参考資料・リンク：セミナーに関連するWebサイトや資料などのリンクを記載します。
・連絡先・SNS：主催者や講師の連絡先やSNSアカウントを記載することで、視聴者が主催者や講師にアクセスしやすくなります。
・ハッシュタグ：セミナーに関連するハッシュタグを記載することで、視聴者が関心のあるトピックを検索しやすくなり、セミナーを見つけてもらいやすくなります。
・著作権情報・免責事項：セミナーで使用した画像や音楽などの著作権情報やライセンス取得済み情報などを記載しておくことで、無用な法的トラブルのリスクを避けることができます。

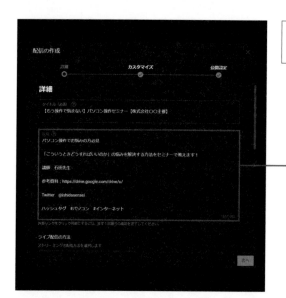

「詳細」画面で、セミナーの説明文を入力します。

## サムネイル

　「詳細」メニューの「サムネイル」に、セミナーのタイトル画像を設定します。YouTubeでの検索結果や待機画面に表示されます。

❶「詳細」の［サムネイルをアップロード］をクリックして、サムネイル画像を選択します。

❷アップロードが完了すると、画像が表示されます。

# チャット関連

　視聴者からの意見をチャットで受け付ける場合は、「カスタマイズ」の「チャット」で「チャット」をオンにしておきます。配信中にやり取りしたチャットをアーカイブでも確認できるようにする場合は、「チャットのリプレイ」をオンにします。

　また、チャットを送信できるユーザーを制限する場合は、「参加者モード」で設定しておきます。視聴者からの質問を受け付ける場合は、チャットを送信できる間隔を「低速モード」で制限しておくのも有効です。

「カスタマイズ」画面で、チャットの設定をします。チャットで意見を受け付ける場合は、「チャット」をオンにしましょう。

# 公開設定

　セミナーを広く見てほしいのであれば、「公開設定」は「公開」で構いません。しかし、事前に受け付けした参加者だけに視聴してほしいのであれば、「限定公開」に変更しておきます。

「公開設定」で、セミナーを公開するか、限定公開にするかを設定します。

## 65 OBS Studioでセミナー配信の設定をする

YouTubeでの各種設定が完了したら、OBS Studioでセミナー配信の設定を行います。

## OBS Studioで各種設定をする

OBS Studioで、セミナー配信の設定を行います。設定では、画質の向上や配信のカクつきを抑えるために、解像度とフレームレート、ビットレートを設定します。そのほかにも、音声設定を行いましょう。

### 解像度とフレームレート

OBS Studioの「設定」の「映像」メニューで、「基本（キャンバス）解像度」「出力（スケーリング）解像度」を「1280×720」（HD）または「1920×1080」（フルHD）に設定します。これらはYouTubeで推奨されている解像度なので、どちらかを設定しておけば問題ありません。また、フレームレートを設定する「FPS共通値」は「30」に変更しましょう。これは、多くの視聴者の端末が30FPSのフレームレートに対応しているためです。FPSは数値が高くなるほど画面の動きが滑らかになりますが、セミナーの場合はゲーム配信ほどの高FPSは必要ありません。

### ⟫ビットレート

OBS Studioの「設定」の「出力」メニューで、「エンコーダ設定」の「ビットレート」を設定します。ビットレートとは、映像の品質と配信の安定性に影響する数値のことです。YouTubeでは、解像度が「1280×720」の場合は1500～4000Kbps、「1920×1080」の場合は3000～6000Kbpsが推奨されています。セミナー会場の回線速度との兼ね合いを見て設定しましょう。

### ⟫音声設定（マイク・スピーカー・デスクトップ・BGM）

OBS Studioの「設定」の「音声」メニューで、「グローバル音声デバイス」の「デスクトップ音声」や「マイク音声」の設定を行います。セミナーでは多くの機材を使う可能性があるため、「既定」ではなく、機材ごとにピンポイントで設定しておくことが望ましいです。

さらに、「音声ミキサー」で「マイク」「スピーカー」「デスクトップ音声」の音量バランスを調整しておきましょう。配信中にBGMを使う場合は、「メディアソース」の音量バランスも忘れずに調整します。

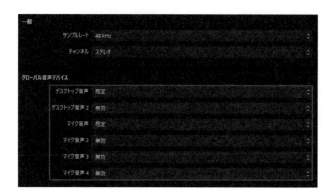

# 66 セミナー配信の シーンを用意する

セミナーではあらかじめ複数のシーンを用意しておくと、円滑に進行することができます。

## OBS Studioでシーンを用意する

セミナーではいくつかシーンをあらかじめ用意しておくと、進行に合わせてスムーズに画面を切り替えることができます。

📶シーン例①配信前の待機画面

・画像：「画像」ソースで、セミナーのタイトル画像や紹介・告知画像などを表示します。また、「画像スライドショー」ソースで複数枚の画像を組み合わせたスライドショーを表示したり、「メディアソース」ソースで動画をループ再生してもよいでしょう。

・BGM：「メディアソース」ソースで、配信待機中に再生するBGMを設定します。

・テキスト：「テキスト（GDI+）」ソースで、「もう少々お待ちください」「準備中」といったメッセージや、SNSアカウントなどの情報を設定します。

「画像」ソースでセミナーのタイトル画像や、紹介などを入れておきましょう。途中で休憩を挟む場合は、休憩中の画像も用意しておくとよいでしょう。

### シーン例②話者を映すカメラ

- カメラ:「映像キャプチャデバイス」ソースで、パソコンに接続したカメラを設定します。複数のカメラを使う場合は、その分だけソースを追加します。
- マイク:複数のマイクを使う場合は、「音声入力キャプチャ」ソースでマイクを追加します。マイク1台だけなら追加する必要はありません。
- オーディオインターフェース:オーディオインターフェースを経由してマイクやスピーカーを接続する場合は、「音声入力キャプチャ」ソースでオーディオインターフェースを追加します。
- BGM:「メディアソース」ソースで、話者登壇中に再生するBGMを設定します。
- コメント:話者の登壇中にYouTubeのコメントを表示したい場合は、P.164で解説した「わんコメ」などのコメント表示アプリを設定します。
- テキスト:「テキスト (GDI+)」ソースで、「質問受付中」などのメッセージやハッシュタグ、SNSアカウントなどを設定します。

### シーン例③配信終了後の画面

- 画像:「画像」ソースで、セミナーのタイトル画像や、参加者へのお礼メッセージを表記した画像などを表示します。複数の画像を表示したい場合はスライドショー、専用の動画がある場合は動画を表示させるのも効果的です。
- BGM:「メディアソース」ソースで、配信終了後に再生するBGMを設定します。
- テキスト:「テキスト (GDI+)」ソースで、「ありがとうございました」「チャンネル登録よろしくお願いします」などのメッセージや、SNSアカウントなどの情報を設定します。

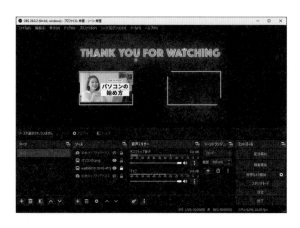

> エンドカードでは、再度セミナーのタイトル画像やお礼のメッセージなどを表示するとよいでしょう。

# セミナー配信の
# リハーサルをする

YouTubeやOBS Studioの設定が完了したら、セミナーの本番前にリハーサルを行いましょう。セミナーのリハーサルを行う際に重要なポイントを解説します。

## 設定を確認する

　最初に、リハーサル前にOBS StudioやYouTubeで以下の設定が正しくできているか確認してみましょう。

### 📡機材を確認する

本番で音声や映像が入らないといったトラブルがないように、パソコンにマイクやカメラなどの機材が正しく接続されているか、きちんと動作するかを確認します。さらに、OBS Studioにソースとして追加されているかどうか確認しましょう。

### 📡資料を用意する

セミナー資料を表示するためのプレゼンソフトを起動し、ファイルを開いておきます。さらに、OBS Studioにソースとして追加されているかどうか確認します。

### 📡YouTubeの公開範囲を「限定公開」か「非公開」にする

YouTube側でリハーサルの枠を作成するときに、「公開範囲」を「限定公開」または「非公開」に設定します。「公開範囲」を「公開」にしたままでは誰でも見ることができてしまうので、注意しましょう。

# リハーサルをする

次に、リハーサル開始後に注意したいポイントを見ていきましょう。

### 音声・映像

ライブ配信が開始されたら、スマートフォンなどほかの端末から音声や映像が出力されているか、音量が最適かどうかを確認します。このとき、できるだけ複数の種類・メーカーの端末や、異なるOSで確認することをおすすめします。音量バランスは視聴環境によって異なるので、複数の人に確認してもらうとよいでしょう。

### 照明

配信場所の明るさを確認し、必要に応じて照明を調整します。明るすぎる場合は調光機能を使用して調整し、暗すぎる場合は追加の照明を設置します。なお、照明の位置や色調は話者の映りに影響を与えます。リハーサルでは、話者の映像と照明を同時に確認し、問題ないかどうかを確認してください。

### タイムスケジュール

セミナーの時間に合わせたスケジュールを作成し、リハーサルでその配分を試してみましょう。あいさつ、プレゼン、質疑応答など、すべての予定に正確な時間を割り当てる必要があります。余裕がない場合は、必要に応じて時間を調整しましょう。

### 質疑応答の練習

セミナー中に視聴者からの質問に答える場合は、リハーサルで質疑応答を想定した練習を行いましょう。視聴者から質問されそうな内容を想定し、回答を用意しておくのもおすすめです。

### シーンの切り替え

OBS Studioで設定したシーンが正しく切り替わるかどうか確認します。YouTubeでは実際の映像と配信の映像にタイムラグがあるため、シーンの切り替わりがぶつ切りにならないよう、トランジションの設定も重要です。

### フィードバック

リハーサルが終了したら、ほかの人からフィードバックをもらうとよいでしょう。視聴者目線でわかりにくい箇所はないか、プレゼンの読み上げスピードやトーンに問題はないかなどを確認し、改善に取り組みましょう。

# セミナー配信を
# 開始・終了する

YouTubeでセミナー配信を開始・終了するときの手順と注意点は、以下の通りです。

## セミナーの配信枠を作成する

あらかじめ、YouTubeで配信枠を作成しておきます。YouTubeで[ライブ配信を開始]→[管理]→[ライブ配信をスケジュール設定]の順にクリックし、セミナーを開催する日で配信枠を作成しておきます（P.186参照）。

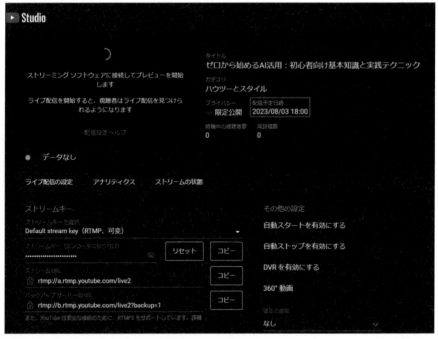

● セミナーは、あらかじめスケジュールを予約して配信枠を作成しましょう。

# セミナー配信を開始する

　セミナーの開始時間が近づいたら、OBS Studioで [配信の管理] → [既存の配信を選択] をクリックします。作成したYouTubeの配信枠を選択し、[配信を選択して配信開始] をクリックします。

**❶**OBS Studioを起動して、[配信の管理] をクリックします。

**MEMO**

あらかじめ、P.114を参考にYouTubeとOBS Studioを連携させておきます。

**❷**[既存の配信を選択] をクリックして、作成した配信を選択します。

**❸**[配信を選択して配信開始] をクリックします。

**MEMO**

YouTube Studio側でライブ配信を開始しなくてもOBS Studioからのみで配信を開始できます。

# セミナー配信を終了する

YouTubeでのセミナー配信が終わったら、以下の手順で配信を終了します。

### 🔊①エンドカードを表示する

セミナー終了のあいさつが終わったら、OBS Studioを操作してエンドカードを表示します。ライブ配信では、自動的にエンドカードを表示する機能がありません。そのため、OBS Studioのシーンにエンドカードを用意しておく必要があります。エンドカードには、セミナーに参加してくれたことへのお礼のメッセージや、終了したことを伝えるメッセージを掲載するとよいでしょう。登壇者やセミナーの情報、次回イベントなどの宣伝を掲載するのも効果的です。なお、セミナーが1時間以内であればエンドカードは数分程度の表示で構いませんが、1時間以上と長い場合は10分程度表示しておくことが推奨されています。

配信終了時には、シーンとして用意したエンドカードを挿入しましょう。エンドカードは、配信時間に合わせて表示時間を調整します。

### 🔊②OBS Studioで配信を終了する

エンドカードを十分に表示し終えたら、OBS Studioで [配信終了] をクリックします。間違えて [ライブ配信を終了] をクリックしないように注意してください。

OBS Studioで配信を終了する場合は、[配信終了] をクリックします。

### ③YouTubeで配信を終了する

最後に、YouTubeの配信管理画面で［ライブ配信を終了］→［終了］→［閉じる］の順に
クリックすると、ライブ配信が終了します。

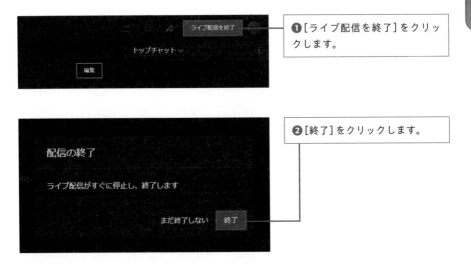

❶［ライブ配信を終了］をクリックします。

❷［終了］をクリックします。

❸［閉じる］をクリックします。

---

**Point » SNSで告知しよう**

セミナーの配信開始直前または開始直後に、SNSでセミナーが開始したことを告知
すると、参加を促すことができます。YouTubeにはTwitterやFacebookと連動して
リンクを送信できる共有機能があるので、ぜひ活用してみてください。

# 69 2箇所をつないで セミナー配信をする

OBS Studioでワイプや中継画面を設定すると、離れた場所で撮影している内容を
1つの画面に映して配信することができます。

## 2箇所をつなぐとは

　従来のようにオフラインでセミナーを開催する場合、話者の所在地や会場などの地理的要因、会場費や交通費などのコスト負担に頭を悩ませることが多いです。たとえば、遠方に在住している話者がセミナー会場に出向く場合、日程調整や交通費が必要になります。その点、YouTubeのようなオンライン環境でセミナーを開催すれば、このような問題はすぐに解決できます。Webカメラやマイクなど必要最低限の機材とOBS Studio、P.168で解説したOBS Ninjaがあれば、ワイプのように1つの配信画面で同時に2つ以上の映像を映したり、話者がプレゼンするときは中継のようにカメラを切り替えたりといったことがかんたんに実現します。これにより、話者の日程や移動手段、会場確保の問題をクリアできるようになります。ワイプや中継画面はライブ配信と非常に相性がよいので、セミナーでも積極的に取り入れていきましょう。

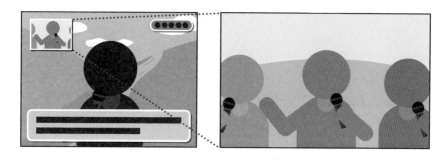

🔺 2箇所から配信していますが、画面では左上にワイプとして表示されています。

## 2箇所をつないで配信する

　2箇所をつないで配信する場合、それぞれの場所を映すためのカメラが複数台必要になります。さらに、音声を取り込むためのマイクも複数必要です。これら機材を用意した上で、1箇所目のパソコンに機材を接続し、OBS Studioを開きます。「映像キャプチャ」ソースで、1箇所目のカメラを追加します。続いて、ワイプ用のシーンと中継用のシーンを作成します。

❶「映像キャプチャ」ソースで、1箇所目のカメラを追加します。

❷P.142の方法でライブ用のシーンと中継用のシーンを用意しておきます。

❸ワイプ画面は中継画面の邪魔にならないように、端に置くようにしましょう。

続いて、2箇所目のパソコンに機材を接続します。2箇所目のパソコンのOBS Studio
に「映像キャプチャデバイス」ソースを追加し、2箇所目のカメラを選択します。そして、
［仮想カメラ開始］をクリックして仮想カメラとして設定します。

❶2箇所目のパソコンで［映像
キャプチャデバイス］ソースを追
加し、接続したカメラを選択し
ます。

❷［仮想カメラ開始］をクリック
します。

OBS Ninjaを利用して、2箇所目の仮想カメラの映像を1箇所目のパソコンに映るよ
うに設定を行います。

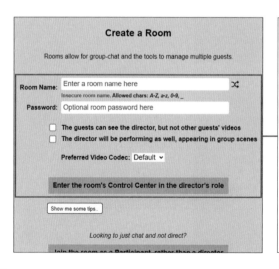

❶P.168の方法でOBS Ninja（https:
//vdo.ninja/）にアクセスし、メニュー
の 一 覧 か ら ［Create a Room］を
クリックします。「Room Name」
にルームの名前、「Password」に
パスワードを入力して［Enter the
room's Control Center］をクリッ
クします。「INVITE A GUEST」に
ルームのURLが表示されるので、
［copy link］をクリックしてURLを
コピーします。チャットやメール
などで、2箇所目の担当者にルー
ムのURLとパスワードを教えて
招待します。

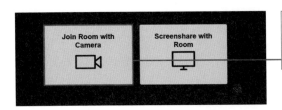

❷2箇所目の担当者がルームに入室したら、[Join Room with Camera]をクリックしてもらいましょう。

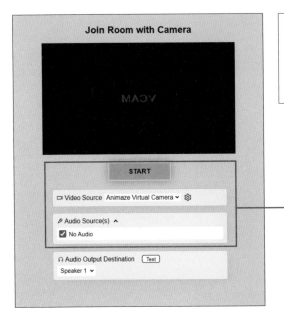

❸「Video Source」でP.202で設定した仮想カメラを選択し、「Audio Source」でマイクを選択してもらいます。[START]をクリックすると、撮影が開始されます。

　撮影が開始されたら、1箇所目のパソコンのルーム上で、2箇所目のパソコンの映像がOBS Studioで映るように設定をしていきます。

❹ルーム作成者のOBS Ninjaの画面に、相手の映像が表示されます。[copy solo view]をクリックして、相手の映像のリンクをコピーします。

❺1箇所目のOBS Studioで作成したワイプ用シーンに、「ブラウザ」ソースを追加します。

❻「ブラウザ」ソースの「URL」にコピーしたURLを貼り付け、[OK]をクリックすると、配信画面上に相手の映像が表示されるようになります。

## ワイプ画面に切り替える

　ライブ配信開始後にワイプ画面に切り替えたい場合は、OBS Studioで作成したワイプ用のシーンをクリックします。シーンを切り替えると、ワイプ画面がメインの画面に切り替わります。セミナー開始直後にまだワイプのカメラを表示したくない場合は、ワイプのカメラソースの右側にある［表示／非表示］をクリックすると、非表示になります。

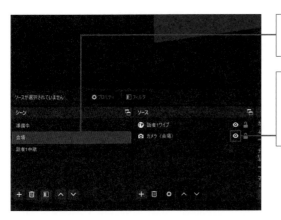

通常はメインのシーンを選択しておきます。

カメラソースの右側にあるアイコンをクリックすることで、カメラの画面の表示／非表示を切り替えることができます。

## 中継画面に切り替える

　ライブ配信開始後に中継画面に切り替えたい場合は、OBS Studioで作成した中継画面用のシーンをクリックします。シーンを切り替えると、中継画面がメインの画面に切り替わります。

中継画面に切り替える場合は、用意しておいたシーンをクリックして切り替えます。

# セミナー配信でシーンや話者を切り替える

ここでは、OBS Studioを操作してシーンを切り替えたり、登壇中の話者を切り替えたりするテクニックを解説します。

## シーンや話者を切り替える

OBS Studioでは、シーンのリストの中から切り替えたいシーンの名前をクリックしてシーンを切り替えます。意図せず誤クリックして、本来映すはずではないシーンに切り替えてしまうといったミスを防止するには、ホットキーや自動シーンスイッチャーを使うのがおすすめです。

### ⚬ホットキー

ホットキーとは、OBS Studioで使用するさまざまな操作をキーボードで実行するためのショートカットのことです。作成したシーンごとに、ホットキーを設定して切り替えることができます。

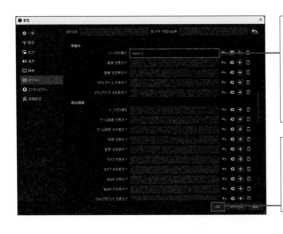

❶OBS Studioの「設定」で、「ホットキー」メニューを開きます。シーンの名称の「シーン切り替え」の空欄にマウスカーソルを合わせ、設定したいキーを押します。

❷[OK]をクリックすると、ホットキーが適用されます。リハーサル時にホットキーが動作するかどうか確認しておきましょう。

### 🔊 自動シーンスイッチャー

自動シーンスイッチャーは、指定したウィンドウを選択すると自動的にシーンが切り替わるOBS Studioの機能です。たとえば、PowerPointやGoogleスライドのウィンドウをクリックすると資料データのシーンへ自動的に切り替わるように設定しておけば、マウスやキーボードを使ったシーン切り替えの操作が不要になります。なお、指定したいウィンドウはあらかじめ開いておかないと指定することができないので注意しましょう。

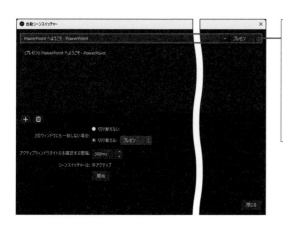

OBS Studioで、［ツール］→［自動シーンスイッチャー］の順にクリックします。スイッチとなるウィンドウとシーンを設定します。設定後は、指定したウィンドウを選択すると自動的にシーンが切り替わるようになります。

### 🔊 話者を切り替える

セミナーでは、司会や登壇者など複数の人が話します。カメラやマイクを各話者に切り替えることで、視聴者の注目を集めることができます。話者の切り替えは、シーンやソースを活用します。

話者が少人数であれば、1人の話者に対して1つのシーンを作成して切り替える方法がもっともかんたんです。OBS Studioでは最大4台までのマイクを設定できるので、それに合わせてシーンを作成するとよいでしょう。なお、既存のシーンでソースに追加したマイクやカメラは、別のシーンに設定することができないので注意が必要です。話す場所が固定されている場合は、場所ごとにシーンを設定するのも有効です。

話者を切り替える場合は、話者ごとにシーンを設定し、カメラとマイクを割り当てておくとかんたんに切り替えることができます。

## 71　セミナー配信で効果音を入れる

視聴者がその場にいないオンラインセミナーはリアクションに欠けるため、盛り上がりにくい傾向にあります。拍手などの効果音の導入を検討しましょう。

## 効果音を入れる

　オンラインセミナーは、オフライン開催のセミナーとは違い、参加者からのリアクションに欠けます。それを補うために、拍手などの効果音を適切なシーンで使用することは、セミナーの雰囲気を盛り上げるために有効です。ただし、使いすぎるとくどい印象を与えてしまうので注意が必要です。また、効果音の内容がセミナーの内容に合っているかどうかも大切です。効果音にはさまざまな種類がありますが、ここではセミナーでの使用におすすめの効果音を5つご紹介します。

### 🔊拍手
拍手は、セミナーが活気づいているという印象を与えてくれます。話者が登場したときや、プレゼンが終わったときに使用するとよいでしょう。

### 🔊チャイム
チャイム音は、これまでの流れを区切り、注意を促す効果があります。セミナーの始まりや終わりなど、重要なシーンで使用するとよいでしょう。

### 🔊カウントダウン
カウントダウンは、残り時間が迫っていることを知らせる効果があります。セミナー開始前や休憩時間、アンケートの回答しめきりなどに使用するのがおすすめです。

### 🔊ドラムロール
ドラムロールは、緊張感を高め、重要な瞬間を盛り上げてくれます。新しい発表があるときなどのタイミングで使用するのがおすすめです。

# 効果音を入れる方法

セミナー配信中に効果音を鳴らす方法は、次の通りです。

### ①効果音を用意する

使用したい効果音は、あらかじめ用意しておきましょう。効果音は、「YouTube Studioオーディオライブラリ」や「効果音ラボ」など、無料でダウンロードできる素材サイトから入手できます。

### ②効果音のソースを追加する

OBS Studioを開き、用意した効果音を「メディアソース」として追加します。効果音の名前は、わかりやすいものにしておきましょう。

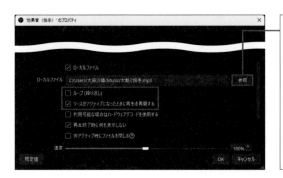

[メディアソース]をクリックし、効果音の名前をつけます。メディアソースのプロパティで[参照]をクリックし、効果音のファイルを読み込みます。「ループ（繰り返し）」や「ソースがアクティブになったときに再生を再開する」のチェックを外し、[OK]をクリックして終了します。

### ③ホットキーを設定する

OBS Studioの「設定」で、効果音のホットキーを設定します。複数の効果音を設定する場合は、キーの割り当てが被らないようにしましょう。

[設定]→[ホットキー]の順にクリックし、効果音の「再開」と「停止」にキーを割り当てます。

### ④配信中にホットキーを押す

ライブ配信中に③で設定したホットキーを押すと、効果音が鳴ります。間違えた場合に備えて停止のホットキーを設定しておくと、すぐに停止できます。

## 72 セミナー配信で 視聴者と交流する

セミナーでチャットを活用することで、質疑応答やセミナーの感想収集など、幅広い用途で役立ちます。

## チャットを設定する

　YouTubeのライブ配信機能の1つである「チャット」は、配信中にリアルタイムでメッセージを送信して交流できる機能です。セミナーでチャットを利用するには、YouTubeのライブ配信の作成画面または配信枠作成後の画面で[編集]をクリックし、「チャット」項目の「チャット」をオンにします。チャットを利用できる人を制限する場合は、「参加者モード」で「全員」以外を選択しましょう。

❶ライブ配信の作成画面で[編集]をクリックします。

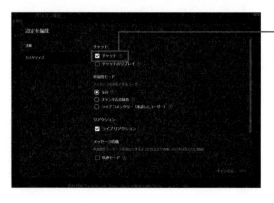

❷「チャット」画面で[チャット]をクリックしてオンにします。

# チャットを確認する

　セミナーの配信開始後は、YouTubeのライブ配信画面の右下にチャットウィンドウが表示されます。視聴者からのチャットが送信されると、時系列順に表示されます。また、ライブ配信を公開設定にしている場合は、OBS Studioにもチャットウィンドウが表示されます。司会がYouTube、技術スタッフがOBS Studioというように、それぞれの画面でコメントを管理するとよいでしょう。

　通常の配信であれば、視聴者からチャットが送信されたらできるだけ早く回答することが望ましいです。しかし、セミナーでは話者がプレゼンしているときにチャットへ反応すると進行を妨げてしまいます。チャットに対する反応は、質疑応答のときなどに限定するようにしましょう。

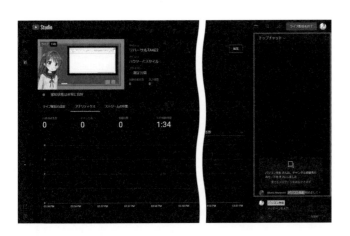

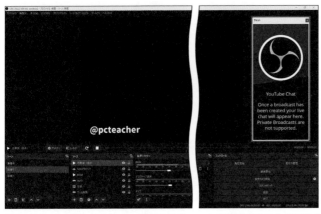

● YouTube StudioとOBS Studioの両方でチャットを確認することができます。連携されているので、チャットは同じ内容が表示されます。

## 73 セミナー配信で 視聴者の質問を受け付ける

セミナーの醍醐味といえば質疑応答です。YouTubeのようなオンライン環境で開催する場合は、質問の受け付け方を工夫する必要があります。

## 視聴者からの質問を受け付ける

　セミナーを会場で開催する場合は現地で質問を募集できますが、YouTubeのようなオンライン環境でセミナーを開催する場合はそれができません。視聴者からの質問は、さまざまなオンラインツールを利用して募集することになります。ここでは、質問の主要な受け付けと活用の方法について解説します。

### YouTubeのチャット

YouTubeのチャット機能を使って質問を受け付ける方法です。あらかじめセミナーの最初に質問を募集したり、区切りのよいタイミングで質問を投稿してもらったりする方法が一般的です。また、随時チャットで募集をして、特定のタイミングで返答をするという方法も可能です。チャットを使った質問方法は、リアルタイムで視聴者からの質問に回答できるため、会場にいるような一体感が生まれやすいです。さらに、視聴者からの質問をまとめて管理できるため回答漏れがなくなる、質問がチャット上に表示されるためほかの視聴者も共有できるなど、多くのメリットがあります。なお、視聴者がチャットを利用するには、Googleアカウントへのログインが必要です。

### SNS

TwitterやFacebookなどのSNSを活用して質問を受け付ける方法です。この方法を使う場合は、あらかじめSNSを使って質問の募集を呼びかけておきます。セミナー参加者からの質問であることがわかるように特定のハッシュタグをつけてもらうと、管理しやすくなります。募集期限も区切っておいたほうがよいでしょう。集まった質問はセミナー開催前までに選択し、質疑応答の時間に回答しましょう。

この方法は、セミナーの配信前に質問を受け付けることができるというメリットがあります。一方で、SNSのアカウントがないと投稿できないことから、特定の人たちに質問が限られてしまうデメリットもあります。

### ライブQ&A

YouTube Liveの新機能「ライブQ&A」は、セミナーに最適な機能です。通常のチャットが非表示になり、視聴者からの質問、上位200件までが時系列順に表示されます。ぜひ活用してみてください。なお、質問するにはGoogleアカウントへのログインが必要です。

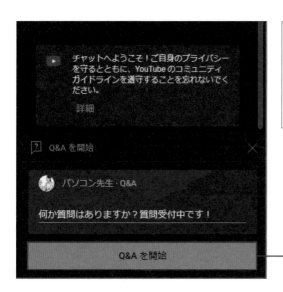

ライブ配信の画面でチャット欄の[Q&Aを開始]をクリックし、質問を入力して[Q&Aを開始]をクリックします。質問を終了するときは、[Q&Aを終了する]をクリックしましょう。

### メール

メールを使って質問を受け付ける方法です。事前にメールアドレスを公開し、質問を受け付けていることを告知しておきます。募集した質問はセミナー開催前までに選択し、質疑応答の時間などに回答しましょう。この方法は質問者が匿名性を保てるため、気軽に質問を送信してもらえるメリットがあります。

# 74 セミナー配信の ツイートをしてもらう

セミナーを配信する際は、集客や盛り上げのためにTwitterの拡散力を利用しましょう。

## Twitterでツイートしてもらう

　Twitterは、140文字以内の短いテキストを投稿できるSNSです。日本では、約4,500万人もの月間アクティブユーザー数を誇る人気のSNSとして知られています。

　とりわけ注目したいのが、Twitterの短時間での拡散力の高さでしょう。YouTubeを使った配信者の多くが、Twitterの投稿にライブ配信のURLを貼ることで視聴者増加を促しています。ここでは、セミナー開催におけるTwitterの活用方法を見ていきましょう。

### ハッシュタグ

Twitterのハッシュタグは、半角の「#（シャープ）」記号と特定のキーワードをつなげたものです。同じキーワードをつけたツイートをまとめて検索・閲覧することができます。

セミナー参加者がTwitterでセミナーの情報をツイートする際にハッシュタグを入れることで、セミナーに関するツイートをまとめて見ることができるようになります。ハッシュタグは自由に設定できるので、あらかじめ運営側でハッシュタグを決めておき、告知しておくようにしましょう。

### 質問を募集する

Twitterは、セミナー開催前に質問を募集する用途でも活用されています。セミナーに参加できない人からも、幅広く質問を受け付けることができます。人員を十分確保できるようであれば、セミナー配信中にリアルタイムで質問を受け付けてもよいでしょう。

# セミナー後に記事をまとめて発信する

セミナー終了後、Twitterでセミナーの情報をまとめたURLを記載してツイートすることで、セミナーに参加できなかった人にも内容を伝えられます。「Togetter（トゥギャッター）」など、複数のTwitterのつぶやきをまとめることができるWebサービスを活用すれば、かんたんにまとめることができます。

Togetterでは、たくさんのTwitterアカウントのつぶやきをまとめることができます。

## Point » Twitterの拡散力

Twitterは、世界中の人々が情報を共有し、意見を交換するための非常にパワフルなツールとなっています。特定のテーマに関するつぶやきが広がると、トレンドとなります。これにより、そのテーマに関心のある人々が情報をかんたんに共有でき、拡散力が高まります。またTwitterは、宣伝やマーケティングにも使用されており、多くの企業が利用しています。そのため、Twitterは重要なキーワードやトピックを広めるための有効なツールとなっています。

また、Twitterの投稿にYouTubeライブ配信のURLを掲載すると、Twitterのツイート一覧から配信が再生できるようになります。YouTubeのWebページにアクセスしなくても配信を見ることができるので、興味を持った人によるリツイートなどの拡散をさらに見込める可能性があります。

## 75 セミナー配信で アンケートを取る

YouTubeでライブ配信をする場合は、「アンケート」機能を活用することでかんたんにアンケートを作成できます。

## アンケートを作成する

　YouTubeには、2種類のアンケート機能があります。1つ目が、YouTube LIVEのアンケート機能。2つ目が、コミュニティのアンケート機能です。どちらも基本的な機能は同じですが、活用シーンが異なります。アンケートが必要なときは、状況に応じて使い分けましょう。

### ﹏YouTube LIVEでアンケートを作成する

YouTube LIVEのアンケート機能は、ライブ配信中にアンケートを作成し、チャット欄でリアルタイムに回答してもらう機能です。

❶YouTubeのライブ配信画面を開きます。チャットウィンドウの［アンケートを開始］をクリックします。

❷「アンケート」メニューが表示されるので、アンケートの内容と回答を入力します。［コミュニティに質問する］をクリックすると、チャット欄にアンケートが表示されます。

### ⟩⟩ コミュニティでアンケートを作成する

コミュニティのアンケート機能は、チャンネル登録者と交流するための「コミュニティ」と呼ばれるスペースにアンケートを表示できる機能です。YouTube LIVEのアンケートはライブ配信中だけしか利用できませんが、コミュニティのアンケートはいつでも利用できます。なお、コミュニティの利用はYouTubeのチャンネル登録者が500名以上かつ子供向けではないことが条件となっています。

❶YouTubeにアクセスし、自身のチャンネルの「コミュニティ」タブを開いて［テキスト形式アンケート］をクリックします。

❷アンケートの内容と回答を入力し、［投稿］をクリックすると、コミュニティにアンケートが表示されます。

---

### Point ≫ 画像付きアンケートを作成するには

コミュニティでは、アンケートの回答に画像をつける、画像付きアンケートを作成できます。［作成］→［投稿を作成］→［画像付きアンケート］の順にクリックし、アンケート内容・回答・画像を設定して［投稿］をクリックすると、コミュニティに画像付きアンケートが投稿されます。

# アンケートに回答してもらう

　YouTube Liveのアンケートでは、ライブ配信中のアンケート作成になります。そのため、視聴者にはその場でチャットで答えてもらいましょう。アンケートの回答期限については、あらかじめチャットや口頭などで伝えておきましょう。

ライブ配信の再生画面右側にあるチャットウィンドウに、作成されたアンケートが表示されます。任意の回答をクリックすると、回答が完了します。アンケートが終了するまでは、ほかの回答をクリックして回答を変更することも可能です。

　コミュニティでのアンケートに対しては、同じコミュニティ内のページで視聴者に回答してもらいます。

チャンネルの「コミュニティ」タブを表示すると、作成されたアンケートが表示されます。任意の回答をクリックすると、回答が完了します。ほかの回答をクリックして回答を変更することも可能です。

# アンケート結果を確認する

　YouTube Liveの場合、一定の時間が経過したらアンケートを終了して、結果を確認しましょう。アンケート結果は、チャット欄に表示されます。

投稿したアンケートの［アンケートを終了する］をクリックすると、アンケートが終了します。

チャットウィンドウに、アンケートの回答率と投票数が表示されます。

　コミュニティのアンケート結果は、コミュニティの画面内に表示されます。YouTube LIVEのアンケートとは異なり、回答期限を設定できません。回答期限を設けたい場合はあらかじめアンケートの投稿時にその旨を記載しておき、期限が来たらアンケートそのものを削除するとよいでしょう。

チャンネルの「コミュニティ」タブを表示すると、回答率や投票数などアンケートの結果が表示されます。

## MEMO

アンケートを削除する場合は、アンケート欄の右側にある ⋮ →［削除］の順にクリックします。

219

# セミナー配信で資料データを配布する

YouTubeでセミナーを開催するときは、参加者に資料データを配布できるしくみを整えておくことが望ましいです。

## クラウドストレージで資料データを配布する

　YouTubeのセミナーで使用する資料は、参加者との間で共有できる状態にしておくとよいでしょう。セミナー資料を参加者が事前に確認できれば、セミナーへ参加する前に必要な準備ができます。また、セミナー終了後に資料を配布して、復習に役立ててもらう方法も有効です。

　会場であれば紙の資料を手渡せばよいですが、YouTubeのようなオンライン環境でセミナーを開催する場合は、資料をクラウドストレージにアップロードして共有する方法が一般的となっています。クラウドストレージには多くのサービスがありますが、無料で15GBまで利用できる「Googleドライブ」が、YouTubeとの相性もよいのでおすすめです。

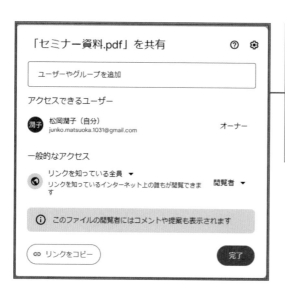

Googleドライブにアクセスし、[新規] → [ファイルのアップロード] の順にクリックして、資料データをアップロードします。アップロードが完了したら [共有] をクリックし、必要に応じてアクセス制限や編集権限の設定を行いましょう。

クラウドに資料をアップロードできたら、セミナー配信の説明欄に、資料へのリンクを掲載します。クリックするとリンク先に飛び、ダウンロードできます。

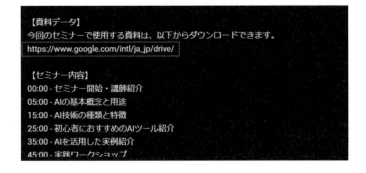

　YouTubeコミュニティを利用している場合は、配布資料のリンクをコミュニティに投稿するとよいでしょう。[作成] → [投稿を作成] の順にクリックし、内容を入力して[投稿] をクリックすると、テキストを投稿できます。

　また、参加者のメールアドレス宛に直接資料を送信する方法もあります。この場合、資料をアップロードしたクラウドストレージのURLを記載するか、PDF形式の資料をメールに直接添付して送信します。相手のメールアドレスに直接送るので、セキュリティ面でも安心です。

## 77 セミナー配信で メンバー限定配信をする

ここでは、メンバー限定配信でセミナーを開催するメリットと、メンバー限定配信の手順について解説します。

## メンバー限定配信をする

　YouTubeのメンバー限定配信は、有料のメンバーシップに登録したユーザーに対してのみ配信するための機能です。メンバーシップ機能を利用するには、①収益化していること、②チャンネル登録者1,000人以上であること、③チャンネル管理者の年齢が18歳以上であることの3つの条件を満たしている必要があります。YouTubeのセミナーでメンバー限定配信を利用すると、以下のようなメリットがあります。

**・セキュリティ面で安心できる**
全体公開のライブ配信では、不特定多数の人が配信を視聴できるため、悪意あるユーザーによる妨害や不正行為などのリスクが存在します。メンバー限定配信にすればセミナー参加者を限定できるため、セキュリティ面で安心できます。

**・コミュニケーションが密になる**
メンバー限定配信は参加者が限定されるため、配信者と参加者、あるいは参加者どうしでのコミュニケーションが密になります。また、メンバー限定配信は有料会員のみが視聴できる特別な配信ということもあり、参加者にとって特別感が生まれやすい環境となります。

---

### Point » メンバー限定配信の料金設定

メンバーシップは、チャンネル管理者が90円〜12,000円の範囲で自由に料金を設定することができます。複数の価格帯を設定し、ランクごとに特典を分けることも可能です。一般的なメンバーシップ料金の相場は、月額490円が多いようです。なお、メンバー限定配信は490円以上の価格を設定しないと利用できないので注意しましょう。

# メンバー限定配信の手順

　メンバー限定配信をするには、メンバーシップの設定・登録を行う必要があります。登録が完了したら、メンバー限定配信を行うことができるようになります。

## ①チャンネルメンバーシップを設定する

YouTube Studioにログインし、左側のメニューから[収益化]をクリックし、[メンバーシップ]タブをクリックします。収益化の条件を満たしていない場合、「メンバーシップ」タブは表示されません。[始める]をクリックし、画面の指示に従ってメンバーシップを有効にします。[メンバーシップ特典を設定する]をクリックし、ユーザーが参加できるコースの名前と料金を設定しましょう。

## ②メンバーシップに登録してもらう

視聴者に、メンバーシップに登録してもらいます。ライブ配信やSNSなどで、積極的に告知を行いましょう。近年は、スマートフォンでYouTubeを視聴するユーザーが増えています。パソコンとスマートフォンではメンバーシップに加入する手順が若干異なるため、加入する手順を説明しておくと親切です。

## ③メンバー限定配信を行う

ライブ配信でメンバー限定配信を行う場合には、配信枠を作成する際、公開設定で[すべての有料メンバー]を選択します。メンバー限定配信を行う前には、メンバー限定のコミュニティやSNSなどであらかじめ告知しておきましょう。

---

### Point » iPhoneユーザーの場合の注意点

iPhoneユーザーは、YouTubeのアプリ経由でメンバーシップに登録すると、Appleへの手数料がかかり、通常のメンバーシップよりも料金が高くなってしまいます。こうした点を知らないユーザーは多いため、クレームになることもあります。Webブラウザ（Safariなど）からメンバーシップに加入すると、通常のメンバーシップ料金で加入できるので、アナウンスしてあげると親切です。

## 配信動画を編集してからアーカイブする

YouTubeのライブ配信は、自動的にアーカイブが保存され、配信を視聴できなかった
ユーザーもあとから視聴できるようになっています。しかし、ライブ配信はインター
ネットの接続が不安定になったり、機材が故障したり、配信者が誤った操作や発言を
行ってしまったりするなど、気をつけているつもりでもトラブルが起こることがありま
す。このようなトラブルが発生したときは、ライブ配信終了後にいったんアーカイブを
非公開にし、不要な部分をカットするなど、編集を加えるとよいでしょう。

アーカイブはYouTube
Studioに保存される
ので、そこから編集
を加えましょう。

編集を加えるには、YouTubeで [YouTube Studio] をクリックし、左側の [コンテンツ]
をクリックします。「ライブ配信」タブに切り替え、編集したいアーカイブを選択して
詳細画面を開きます。左側の [エディタ] をクリックすると、不要な部分をカットでき
ます。編集が完了したら、[新規動画として保存する]をクリックして投稿しましょう。
このほかにも、説明や公開範囲を変更したり、字幕をつけたりするなど、さまざまな編
集ができます。

なお、アーカイブは配信終了後、再変換が完了するまで編集できません。編集可能な状
態になるまでは、公開範囲を「非公開」に変更しておくとよいでしょう。また、ライブ
配信のアーカイブを編集すると、チャットがすべて消えてしまいます。さらに、アーカ
イブは10万回以上再生されるか、6時間以上の配信になると、カット編集（不要な部分
だけを切り取って必要な場面だけを抜き出す編集のこと）ができなくなるので注意が必
要です。ただし、パートナープログラムに参加している場合はこの制限がなくなりま
す。

# 第 7 章

YouTubeで
ゲーム実況をする

# 78 ゲーム実況とは

YouTubeのライブ配信では、ゲームをプレイしながら自分自身で内容を実況する「ゲーム実況」というジャンルが盛り上がりを見せています。

## ゲーム実況とは

　ゲーム実況は、ゲームをプレイしながら、解説やコメントをしつつ配信する、YouTubeでも人気の高いコンテンツの1つです。ゲーム実況を視聴する側のメリットとしては、プレイ中の面白いシーンやトリックが見られることや、ゲームを攻略するための情報を得られることなどが挙げられます。また、実況者自身の個性やキャラクターが出ることも、視聴者にとっての楽しみの1つとなっています。

　しかし、ゲーム実況には注意点もあります。たとえば、プレイに没頭しすぎて解説を怠ると、視聴者からの評価が下がる可能性があります。また、不適切な言動や内容を配信してしまうと、チャンネルを削除されるなどのリスクがあります。

　総じて言えることは、ゲーム実況は楽しく面白いコンテンツであると同時に、実況者も責任を持って配信する必要があるということです。正しく配信することで、多くの人に楽しんでもらえるコンテンツになります。

# ゲーム実況とビジネスの関係

　近年、ゲーム実況はビジネスとしても注目を集めています。たとえば、スポンサーシップや広告収入、グッズ販売などを通じて、実況者は収益を得ることができます。また、大手メディア企業が実況者を起用して、新しいビジネスモデルを構築する動きも出てきています。

　ただし、ビジネスとして成功するためには、視聴者に提供するコンテンツの質が重要になります。実況者は、プレイのうまさや個性的なコメントだけでなく、視聴者が求める情報やエンターテインメントを提供することが必要です。また、プロモーションにも配慮する必要があります。ゲーム実況とビジネスの関連として、著作権や肖像権といった法的な問題に適切に対処することが求められます。

　また、ゲームのうまさで勝負し賞金を得る、プロゲーマーという職業も出てきています。eスポーツという名称で海外を中心に発展してきましたが、残念ながら日本国内ではまだ認知された職業とはいえません。eスポーツの人気に伴い、YouTubeにおけるプロゲーマーの配信が急速に増加しています。プロゲーマーは、プレイの実力や技術を披露し、同時にファンと交流することで、人気を集めています。ゲーム以外の話題や私生活を公開するなどして、ファンとの親近感を深める場合もあります。

　プロゲーマーにとって、YouTubeの配信は新しいファン層を獲得する機会となる一方、プレッシャーやストレスも伴うことがあります。そのため、プロゲーマーは自身のメンタルケアにも注意を払う必要があります。

# 79 ゲーム実況に必要な 機材を用意する

ゲーム実況を行うには、通常のライブ配信に比べてさらに高スペックな機材が要求される場合があります。

## ゲーム実況に必要な機材を用意する

　ゲーム実況には、ゲームプレイ中の映像や音声を録画・配信するための機材が必要になります。まずは高性能なパソコンが必要です。次に、キャプチャーボードを使用して、ゲーム機とパソコンを接続します。また、Webカメラを使ってプレイヤー自身の映像を撮影します。音声の録音には、マイクが必要です。定位置型のマイクを使用する場合と、ヘッドセット型のマイクを使用する場合があります。これらの機材を使うことで、高品質なゲーム実況が可能となります。ただし、必要な機材は多岐に渡るため、自分が必要とする機能を考慮して、それぞれ最適な機材を選ぶことが大切です。

### ⑤パソコン
ゲーム実況をするためには、パソコンのスペックが重要です。特に、CPUやグラフィックカード、メモリーの性能が高いほど、ゲームの映像をスムーズに処理できるため、高品質な実況動画を作成することができます。また、外部マイクや外部カメラを使う場合は、接続に必要なインターフェイスも考慮する必要があります。必要なスペックはゲームや実況方法によって異なるため、事前に必要な情報を調べることが大切です。

なお、ゲームのプレイや制作に耐えられるパソコンに、ゲーミングパソコンというものがあります。ゲーミングパソコンは、一般的なパソコンに比べて高性能のグラフィックカードやCPUを搭載し、ゲームの映像や音声をリアルに再現することができます。また、ゲームプレイに必要な周辺機器やゲーム配信用の機能を備えている場合もあります。また、冷却システムも充実しており、長時間のプレイでも高いパフォーマンスを維持することができます。ゲームをプレイすることが目的であれば、ゲーミングパソコンの購入を検討してみるのもよいでしょう。

### 🎤 マイク

ゲーム実況において、高品質な音声で配信するためには、適切なマイクを使用することが重要です。マイクの選び方は、用途によって異なります。たとえば、単体のマイクを使う場合やヘッドセットを使用する場合は、指向性や感度などの仕様に注目しましょう。スタンドマイクを使用する場合は、ポップガードやショックマウントなどのアクセサリーが必要になる場合もあります。また、音声をクリアにするためには、ノイズキャンセリング機能がついたマイクを選ぶことが大切です。いずれの場合も、自分の用途や予算に合わせた適切なマイクを選び、正しい設置方法で使用することが重要です。

### 🎤 キャプチャーボード

ゲーム実況に必要なキャプチャーボードは、ゲーム画面をパソコンに取り込むための機材です。一般的には、HDMI端子を使用してゲーム機とパソコンに接続します。

なお、パソコン上でできるゲームは、キャプチャーボードがなくてもすでにゲーム画面をパソコンに映しているため、キャプチャーボードは必要ありません。

## ゲーム機器とパソコンを接続する

キャプチャーボードを使ってゲームを録画する場合、キャプチャーボードのHDMI入力端子を、ゲーム機器のHDMI出力端子と接続します。そして、キャプチャーボードのUSB端子をパソコンに接続します。一部のキャプチャーボードには、配信ソフトウェアが付属しているものもあります。付属のソフトを使用することで、配信の設定や管理を行うことができます。

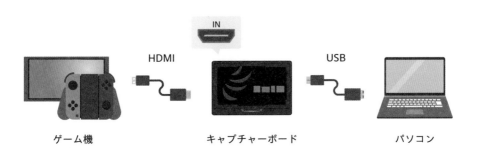

# 80 ゲーム実況に必要な アプリを用意する

ゲームとパソコンを接続しただけでは、パソコン上にゲーム画面は表示されません。ゲームのキャプチャーアプリを用意しましょう。

## ゲーム実況に必要なアプリを用意する

　ゲームのキャプチャーアプリとは、ゲーム画面を録画・キャプチャーするためのソフトウェアです。キャプチャーアプリがないと、パソコンにゲーム画面が表示されません。アプリを起動して、そのままゲーム本体のスイッチをオンにすればゲーム画面が表示されるタイプがほとんどです。多くのソフトウェアが存在し、それぞれ特色があるため、自分の目的に合ったソフトウェアを選ぶことが重要です。また、自分のパソコンのスペックとソフトウェアの要件を確認することも必要です。

　なお、一部のキャプチャーボードには、キャプチャーアプリが付属してくるものがあります。主なキャプチャーアプリには、以下のようなものがあります。

📶代表的なキャプチャーアプリ

| | 録画 | スクリーンショット撮影 | 価格 |
|---|---|---|---|
| RECentral | ○ | ○ | 無料 |
| Elgato Game Capture | ○ | ○ | 無料 |
| Bandicam | ○（無料版は時間制限あり） | ○（無料版はロゴマークが入る） | 有料（無料版もあり） |

# OBS Studioでゲーム画面をパソコンに表示する

キャプチャーアプリを使ってパソコン上にゲーム画面を表示したら、OBS Studioで
ゲーム画面を表示しましょう。使い方は、OBS Studioでゲーム画面を表示している
キャプチャーアプリのソースを選択するだけです。

❶OBS Studioのソース選択画面
で[映像キャプチャデバイス]を
クリックします。

**MEMO**

パソコンゲームの場合は、[ゲー
ムキャプチャ]を選択します。

❷「デバイス」でキャプチャーア
プリ名を選択し、[OK]をクリッ
クします。

---

## Point » PS4／5から直接ゲーム配信をする

PS4／5の「ブロードキャスト配信」は、PS4／5のゲームプレイをライブ配信する
機能です。PS4／5からYouTubeに直接ゲームを配信することができます。配信を
開始するには、PS4／5でYouTubeアプリにサインインし、「配信」タブを選択して、
配信を開始するボタンを押します。また、PS4／5のブロードキャスト配信では、
配信前に、YouTubeの配信設定をカスタマイズすることもできます。

# 81

# 配信／収益化可能か確認する

ゲーム実況では、どんなゲームでも実況してよいというわけではありません。ゲームメーカーが、特定のゲームの実況を禁止している場合があります。

## 配信可能か確認する

　ゲーム実況において、権利者からの申し立てによって配信が制限されているゲームがあります。また、ゲーム実況者が一定の条件を満たしている場合や、権利者が明示的に許可した場合に限り、配信が可能な場合があります。事前に権利者のガイドラインや利用規約を確認しましょう。

　特に、発売されたばかりのゲームや、推理をしていく謎解きゲームなどは禁止されていることが多いです。ゲームを配信され、それを見た視聴者がゲームを買わずに配信で結末を見てしまい購買意欲が下がることを懸念しているためです。

　反対にゲーム配信に寛容なものもあり、eスポーツ向けのゲームやパーティゲームなどは、ゲーム配信を許可していることが多いです。

　KONAMIでは、「プレー動画投稿応援キャンペーン」を発表し、一部のゲームでのプレイ動画やライブ配信を発信することを許可しています。

KONAMIの「プレー動画投稿応援キャンペーン」（https://www.konami.com/games/momotetsu/teiban/cp-movie.html）

# 収益可能か確認する

　ゲームによっては、配信自体は可能でもゲーム実況配信での収益化が許可されない
ケースがあります。ゲーム会社が公式に許可していない場合は、広告収入や寄付などの
収益化ができません。このような場合に収益化を行うと、クリエイターがゲームの著作
権を侵害しているとみなされる可能性があるため、注意が必要です。

　そもそも一般的なガイドラインでは、営利目的（商用利用）によるゲーム実況は許可
されていません。ただし、これには例外が設けられているケースがあります。具体的に
は、配信サイトが提供しているお金を稼ぐしくみ・機能を使う場合に限り、収益化して
もかまわないというものです。YouTubeでいうと「YouTubeパートナープログラム
（P.234参照）」や「スーパーチャット（P.97参照）」で得た収入は許可されるというもので
す。しかし、この2点においても収益が禁止されたゲームが過去に存在するので、公式
ガイドラインに則って、ゲーム配信の収益設定のオン／オフを設定しましょう。

　ゲームの収益化が可能かどうかは、各ゲーム会社の「お知らせ」や「プレイガイドポリ
シー」といったWebページに記載されていることが多いので、事前に確認しましょう。

バンダイナムコエンターテインメント ゲーム実況ポリシー（https://www.bandainamcoent.co.jp/info/
videopolicy/）

# 82

# パートナープログラムに参加する

ゲーム実況のYouTubeライブ配信で収益を得るには、YouTubeのパートナープログラムに参加する必要があります。

## パートナープログラムとは

　YouTubeのパートナープログラムは、YouTubeを使ってクリエイターが広告収入を得るためのプログラムです。このプログラムに参加すると、配信によって広告収入が得られるようになります。

　パートナープログラムのメリットとしては、広告収入に加え、YouTubeからのプロモーション、新機能の利用、専用のサポート体制などが挙げられます。一方、デメリットとしては、申請に対する審査が厳しく、合格率が低いこと、広告収入が安定しないこと、ルール違反を犯すと収入が得られなくなることなどがあります。また、パートナープログラムに参加している場合、広告表示や動画の内容に関するルールがあるため、注意が必要です。動画のコンテンツについては、著作権侵害や過度に暴力的なもの、またはコミュニティガイドラインに反するものがないか確認されます。違反行為があった場合は、承認が取り消されることもあります。

　パートナープログラムのガイドラインについて、詳しくは下記のページを参照してください。

○ Googleのサポートページに、YouTubeパートナープログラムに関するルールが記載されています。

# パートナープログラムに参加する

YouTubeのパートナープログラムに参加するには、アカウントが参加の条件を満たしている必要があります。条件には、1,000人以上のチャンネル登録者数や4,000時間以上の視聴時間が含まれます（2023年5月現在）。パートナープログラムの利用登録について、詳しくは下記のページを参照してください。

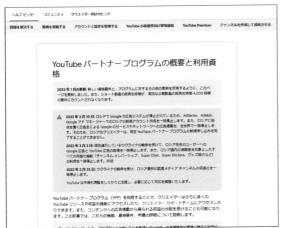

⊘ YouTubeパートナープログラムの利用資格もGoogleのサポートページで確認することができます。

条件を満たすと、YouTube Studioの画面に「収益化」の項目が表示されます。[開始]をクリックして [同意] をクリックし、AdSenseアカウントを設定すると、審査が開始されます。

# 83 YouTubeで各種設定をする

YouTube上でのゲーム実況の設定を確認しましょう。特に注意したいのは、配信タイトルと説明です。

## YouTubeで各種設定をする

　ゲーム実況の準備が整ったら、YouTubeの設定を行います。ゲーム実況配信において、配信タイトルや説明文の設定は非常に重要です。配信タイトルが魅力的であれば、視聴者の興味を引き、視聴数を増やすことができます。また配信タイトルには、配信内容やゲームの種類を含めるようにします。たとえば『初見プレイ#2「●●をプレイします」』のように、タイトルを設定します。配信タイトルでは、ゲームの内容をわかりやすく、簡潔に伝えると同時に、過剰な誇張表現は避け、配信内容に対する正確な期待を持たせることが望ましいです。

　そのほか、「ライブ配信の遅延」の設定で「低遅延」か「超低遅延」を設定するとよいでしょう。ゲーム実況において、ゲーム画面とコメントにタイムラグが発生することは致命的です。場合によっては視聴者が離脱してしまう可能性もあります。

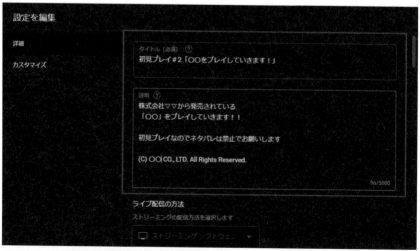

◉ YouTubeの「設定を編集」画面でタイトルや説明文を入力しましょう。

# ゲーム実況のタイトルと説明文

　配信タイトルや説明には、通常の配信とは異なる、ゲーム実況ならではの載せたほうがよい情報があります。たとえば、以下のような情報です。

---

①初見プレイか初見プレイじゃないか

②ネタバレしてもOKかNGか

③このゲームの実況配信は何回目か (#〇という形で入れることが多い)

④発売している会社の著作権

---

　①の初見プレイについては、視聴者に対して「このゲームははじめてプレイします」という宣言になります。視聴者の中には「はじめてプレイしている様子を見たい」という層と「何回もプレイしているゲームでうまいテクニックを見たい」という層がいます。そのため、視聴者が配信前に確認できるようにしておくのが無難です。

　②のネタバレとは、「この先の展開や攻略方法などを前もって教えてしまう」ことをいいます。特に初見プレイのときは展開をわくわくしながら実況したい、見たい人が多いので、ネタバレはNGにしているところが多いです。

　③については、その配信が何回目なのかを入れることで、その数字を頼りにアーカイブを見ることができます。また、そのゲームを知っている視聴者がいれば、何回目かを見ればゲームのどのあたりをプレイしているのかがわかります。特にストーリーのあるロールプレイングゲームや推理ゲームなどで入れることが多いです。

　④の著作権については、当然ですがゲームには発売しているゲーム会社に著作権の権利が存在します。各ゲームの実況を行うための条件として、ゲーム会社は著作権を記載することを求めていることが多いので、入れておくべきでしょう。

# 84 OBS Studioで 各種設定をする

OBS Studio上でのゲーム実況の設定は、通常のエンコーダ配信の場合の設定とほぼ共通です。ただし、画質と音質には注意が必要です。

## OBS Studioで各種設定をする

　ゲーム実況配信において、画質と音質は視聴体験に大きな影響を与えます。画質については、高解像度でクリアな映像を提供することが重要です。また、画面の明るさやコントラスト、彩度なども調整する必要があります。音質については、ノイズやエコーを避け、明瞭で自然な音を提供することが重要です。特に、声のレベルバランスや音声の圧縮に気をつける必要があります。さらに、マイクの位置や距離にも注意が必要です。

　これらの注意点に加え、インターネット接続の状況によっては、画質や音質に影響が出ることがあります。したがって、配信前にインターネットの回線速度を確認し、必要に応じて設定を調整することが望ましいです。

P.114の方法で、YouTubeとOBS Studioを連携させておきます。

❶OBS Studioの「設定」画面を開き、[出力]をクリックします。

❷「出力モード」を[詳細]に設定
し、「ビットレート」を設定しま
す(ここでは「5000Kbps」)。

**MEMO**

パソコンによって、最適なビッ
トレート数は異なります。数値
を変えながら、画質がよく、か
つ滑らかに映像が動く数値を探
しましょう。

❸[映像]をクリックし、「出力(ス
ケーリング)解像度」を設定しま
す(ここでは「1280×720」)。最
後に[適用]をクリックします。

**MEMO**

「出力(スケーリング)解像度」は、
「基本(キャンバス)解像度」より
も数値を低くしましょう。出力
解像度を上げても映像ビット
レート数が少ないと、逆に画質
の低下につながります。

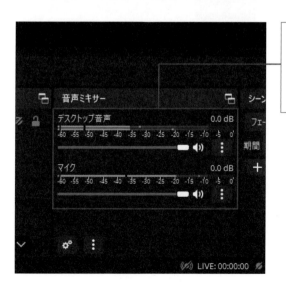

❹配信画面に戻り、「音声ミキ
サー」で音声を調整します。デス
クトップ音声はゲームの音声と
同じと考えてよいので、マイク
とのバランスを取りましょう。

# 85 ゲーム実況配信を開始・終了する

YouTubeとOBS Studioの設定が完了したら、ゲーム実況配信を開始しましょう。また、配信の終了方法についても解説します。

## ゲーム実況配信を開始する

　一度OBS StudioとYouTubeを連携させると、OBS Studioの［配信を選択して配信開始］をクリックするだけですぐに配信が開始されます。

❶P.110を参照して、YouTubeでエンコーダ配信の枠を作成しておきます。

❷OBS Studioの［配信の管理］をクリックします。

### MEMO

配信を開始する前に、P.114を参照して、YouTubeとOBS Studioを連携させておきましょう。

❸［既存の配信を選択］をクリックします。

❹［配信を選択して配信開始］をクリックします。

# ゲーム実況配信を終了する

ゲーム実況配信の終了も、OBS Studio側で操作を行います。ここで注意したいのは、[配信終了]ではなく[ライブ配信を終了]をクリックすることです。[配信終了]をクリックすると、OBS Studioでは配信が終了しているのにYouTube上では配信が続いてしまいます。[ライブ配信を終了]をクリックすることで、両方で配信を終了させることができます。

❶OBS Studioの[ライブ配信を終了]をクリックします。

❷YouTubeの配信管理画面で、[ライブ配信を終了]をクリックします。

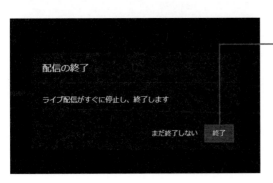

❸[終了]→[閉じる]の順にクリックすると、ライブ配信が終了します。

# ボイスチェンジャーを使う

ゲーム実況配信でもそのほかの配信でも、身バレを防ぐためにボイスチェンジャーアプリを使って声を変えて配信する人が増えています。

## 配信でボイスチェンジャーを使うことについて

「顔出しをしていないのに身バレをするのか？」という意見もありますが、視聴者の中には話し方の癖や声のトーンなどから特定しようとする人もいます。そこでボイスチェンジャーを使うことで、プライバシーを守りつつ配信を楽しむことができます。また、ボイスチェンジャーにはユーモアやエンターテインメントの要素を加えることもできます。ボイスチェンジャーを利用することで、キャラクターや声のトーンを変えて、より多様な表現をすることができます。また、視聴者とのコミュニケーションを深めるために、ファンのニックネームやコメントに対して、特定の声やキャラクターで返すことで、より親密な関係を築くことができます。しかし、使用方法によっては視聴者に不快感を引き起こす場合もあるため、注意が必要です。

# ボイスチェンジャーアプリの種類

　ボイスチェンジャーには、さまざまな種類のアプリがあります。代表的なものを以下にご紹介しますので、必要に応じて試してみましょう。

「MagicMic」では、150種類以上の音声フィルターを利用できます。また、配信で使える効果音なども多数取り揃えています。

「Voicemod」はミキサーを必要としない、かんたんなボイスチェンジャーです。プリセットも用意されているので、フィルター操作が苦手な人におすすめです。

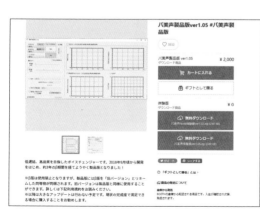

「バ美声」は、主に男性の声を女性にする目的に特化したボイスチェンジャーです。性別を反転させた声にしたい場合におすすめです。

# ハードウェアエンコーダを使用する

ライブ配信において、より高画質な映像を提供するためには、ハードウェアエンコーダが必要になります。ハードウェアエンコーダは、パソコンのCPUを使わず、専用のチップを使って映像を圧縮します。またソフトウェアエンコーダに比べ、エンコード処理にかかる負荷が軽く、配信時のストレスやトラブルを回避することができます。このような理由から、ハードウェアエンコーダは多くのプロゲーマーや配信者に利用されています。

ハードウェアエンコーダには、デメリットも存在します。ソフトウェアエンコーダに比べて高価であるため、コスト面での負荷を考慮しなければなりません。またハードウェアエンコーダは、故障があった場合にすぐに交換することができません。故障に備えて、ソフトウェアエンコーダを用意しておく必要があります。

ハードウェアエンコーダの例としては、AJAから発売されている「HELO」などがあります。

⌄ HELO Plusは、ライブイベントやスポーツ、eスポーツ大会など、大きなイベントで使われているハードウェアエンコーダです。

# 第 8 章

YouTubeで
VTuber配信をする

# 87 VTuberとは

YouTubeのライブ配信では、VTuberと呼ばれるバーチャルキャラクターによる配信が増えています。ビジネスの上でも無視できないほど、人気が高まっています。

## VTuberとは

VTuberは、バーチャルYouTuberの略称で、仮想のアバターを用いてYouTubeなどで活動するクリエイターのことを指します。近年注目を集めており、その活動内容はゲーム実況やオンラインセミナー、歌唱パフォーマンスなど多岐に渡ります。VTuberは、アバターを通じてさまざまなキャラクターを演じることができるという特徴があり、若者を中心に人気を集めています。また、VTuber業界には多くの企業が参入しており、新しいエンターテインメントの形として注目を集めています。

⬆ 配信画面にアバターを表示し、自分の動きに合わせて動かすことでパフォーマンスをするのがVTuberです。

# VTuberとビジネスの関係

　VTuberとビジネスの関係は、近年ますます密接になっています。VTuberは、その特徴的なキャラクターや熱心なファン層から、多くの企業がマーケティング戦略に活用しています。企業とVTuberのコラボレーションによって、新商品のプロモーションやブランドのイメージアップが図られることもあります。また、VTuberによる商品の紹介やレビューなども人気があり、購買意欲の向上につながるとされています。

　一方、VTuber自身も、スポンサーシップやグッズ販売などの収益モデルを構築しています。VTuberを活用したバーチャルイベントやライブ配信も開催されています。

　企業に所属しているVTuberは、その企業のブランドイメージに合わせたキャラクターを演じ、商品やサービスのプロモーションを行うなど、マーケティングの一環として活用されています。また、企業とVTuberのファン層との交流イベントの開催など、さまざまな活動を展開しています。企業側はVTuberの育成や活動のサポートを行うことで、両者の関係性を強化しています。企業に所属するVTuberの数は増加傾向にあり、今後もさらなる発展が期待されます。

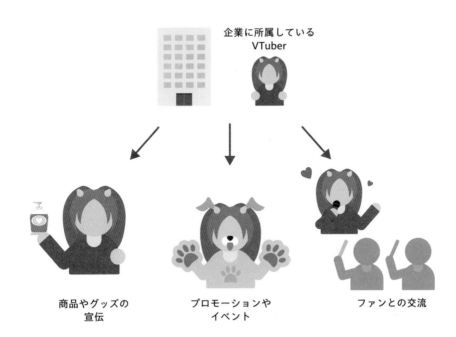

| 企業に所属している VTuber |
| --- |

| 商品やグッズの宣伝 | プロモーションやイベント | ファンとの交流 |

◉ 企業に所属しているVTuberは、配信以外にもさまざまなビジネス形態を持っています。

# 88 VTuberに必要な機材を準備する

VTuberを使った配信を実現するには、キャラクターと動画を同時に動かす必要があります。そのため、高性能なパソコンスペックや機材が必要になります。

## VTuberに必要な機材を用意する

VTuberを使って配信を行うには、高性能なグラフィックカードを搭載し、安定した動画配信を可能にするパソコンが必要になります。アプリによって顔や身体を認識させる必要があるため、カメラは自分の顔や全身を撮影できる高画質なものがよいでしょう。マイクは、音質がよくノイズを低減するものを選ぶと、視聴者に聞きやすい音声を提供できます。顔出しをするわけではないので照明は必ず必要というわけではありませんが、暗い場所では顔や身体の動きが認識されない可能性もあります。夜間や窓のない室内などでは、ある程度の照明環境は必要です。これらの機材は、初心者が手軽に導入できる入門用のセットも販売されています。

### ▲パソコン

パソコンは、高性能なグラフィックカードを搭載し、安定した動画配信を可能にするものがよいでしょう。CPUは高速処理を行えるもの、メモリは大容量で快適に動作するものを選びます。また、ストレージは大容量のSSDを選び、高速な読み込み・書き込みを実現することが重要です。そのほか、マザーボードや電源ユニット、冷却システムなど、各部品の相性を考慮し、高品質なものを選ぶとよいでしょう。一方で、必要なスペックに応じて価格も高くなるため、自分の予算と必要な機能をバランスよく選択することが大切です。

### ꙮ カメラ

カメラは、高画質・広角・顔認識機能・自動追尾機能があることが望ましいです。中でも、スマートフォンで手軽に使用できるアプリを提供しているカメラが人気です。また、撮影環境によっては、光の当たり方や背景の映り込みに注意が必要です。スタジオ環境を整える場合には、照明やグリーンバックなども用意する必要があります。

### ꙮ 三脚

全身を映す必要がある場合は、カメラをしっかりと固定できる三脚を用意するとよいでしょう。カメラを三脚で固定することで、ブレがなくなりキャラクターが違和感なく動いてくれるようになります。なお、上半身だけのキャラクターでよい場合、三脚はなくても構いません。

### ꙮ マイク

マイクは、高い音質で録音できるマイクが必要不可欠です。USBマイクは、かんたんにセットアップでき、購入後すぐに使用できます。XLRマイクはスタジオでの使用に最適で、高品質な音声で配信できますが、オーディオインターフェースなどのほかの機器が必要になります。また、コンデンサーマイクは繊細な音声で配信することができますが、周囲の騒音やエコーに敏感なため、静音環境で使用することが望ましいでしょう。どのマイクを選ぶにしても、自分の環境や予算に合わせて選び、最高の音質で配信しましょう。

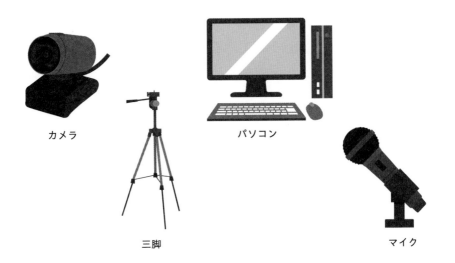

カメラ　　　　　　　　　　パソコン

三脚　　　　　　　　　　　　マイク

## 89 2DのVTuberに必要なアプリを準備する

2DのVTuberキャラクターを動かすためのアプリを準備しましょう。ここでは、VTube Studioを紹介します。

## VTube Studioとは

VTube Studioは、VTuberが2Dキャラクターのアバターを動かし、ライブ配信や動画投稿を行うためのソフトウェアです。VTube Studioで動かせるアバターは、OBS Studioに合成することで配信に使用します。このソフトウェアは、スマートフォンやタブレット端末でも利用可能で、豊富なアバターカスタマイズ機能や、背景を自由に設定する機能などがあります。

⌃ VTube Studioでは、2Dキャラクターを自分の動きに合わせて動かすことができます。

# VTube Studioをインストールする

　VTube Studioは、公式Webサイトからインストールファイルをダウンロードし、指示に従ってインストールを行います。パソコン版の場合は、公式Webサイトの「Steam」からのみダウンロードができます。

❶VTube Studioの公式Webサイトから、[DOWNLOAD ON STEAM]をクリックします。

**MEMO**

Steamからのダウンロードには、アカウントの取得が必要です。

❷「VTube Studioを使用」の[無料]をクリックします。

❸Steamをすでにインストールしている場合は[はい、Steamはインストールされています]を、インストールされていない場合は[いいえ、Steamをインストールする必要があります]をクリックし、画面の指示に従ってインストールを行います。

**MEMO**

VTube Studioはスマートフォン版も用意されています。スマートフォンの画面をパソコンに映すことで、活用できます。

# 2Dキャラクターを
# 作成・合成する

VTube Studioのインストールが完了したら、VTuber用の2Dキャラクターを作成し、ライブ配信で映せるようにOBS Studioと合成します。

## VTube Studioで2Dキャラクターを作成する

VTube Studioを使って、2Dキャラクターを作成しましょう。

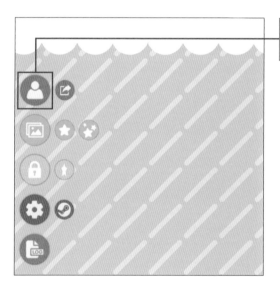

❶VTube Studioを起動し、　をクリックします。

❷一覧から、使いたいモデルを選択します。自分で作成したモデルを使いたい場合は、[自分のモデルをインポート]をクリックします。

❸2Dのキャラクターが表示され
ます。■をクリックします。

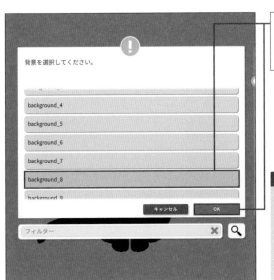

背景を選択してください。

background_4
background_5
background_6
background_7
background_8
background_9

キャンセル　　　OK

フィルター

❹[background_8]をクリックし
て選択し、[OK]をクリックしま
す。

### MEMO

「background_8」は、背景が緑に
なるプリセットです。背景を緑
にすることでクロマキー合成を
行うことができます。クロマキー
について、詳しくはP.162を参照
してください。

❺■をクリックします。

❻ 🄾をクリックします。

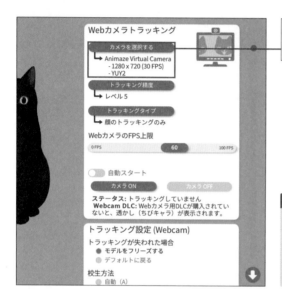

❼ 使用するWebカメラを選択します。

# VTube Studioの2Dキャラクターを合成する

VTube Studioでキャラクターの準備ができたら、OBS Studioで合成をしましょう。

❶ OBS Studioを起動して、「ソース」の ➕ をクリックします。

❷[ゲームキャプチャ]をクリックします。

### MEMO

VTube Studioはゲーム画面として認識されるので、[ゲームキャプチャ]を選択します。

❸「モード」を[特定のウィンドウをキャプチャ]に設定します。

❹「ウィンドウ」で[VTube Studio]をクリックして選択し、[OK]をクリックします。

❺OBS Studioに、VTube Studioの画面が合成されます。

### MEMO

OBS Studioでのクロマキー合成について、詳しくはP.162を参照してください。

# 91 オリジナルの 2Dキャラクターを作成する

イラストに自信がある人は、2DのVTuberキャラクターを自分で作成するのもよい でしょう。イラスト作成と動きをつけるアプリの2種類が必要になります。

## 2Dキャラクターのイラストを描く

　CLIP STUDIO PAINTは、イラストやマンガ、アニメーション作成に利用されるペ イントソフトです。初心者でも扱いやすく、機能が充実しており、多くのクリエイター に利用されています。また、3D素材の取り込みや、アニメーション作成に必要なタイ ムライン機能も搭載しており、幅広い用途に利用できます。

　CLIP STUDIO PAINTを使用することで、オリジナルの2Dキャラクターを作成す ることができます。

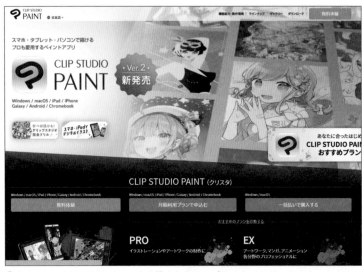

⬆ CLIP STUDIO PAINTは、イラストを描くためのアプリです。VTuberの2Dキャラクター を作成することができます。

# 2Dキャラクターに動きをつける

Live2Dは、2Dのイラストに動きをつけることのできるソフトウェアです。アニメーションやリップシンクなど、キャラクターの表情や動きを細かく設定できます。ライブ配信や、ゲームでのキャラクターの動きを作成するのに適しています。

2Dイラストに動きをつけるためには、イラストを分割してレイヤーを作り、それぞれのパーツを動かす必要があります。Live2Dには膨大なパラメータがあり、これを使いこなすことでリアルな動きを作り出すことができます。また、Live2D用のプラグインが多数用意されており、高度な機能や表現が可能になっています。

なお、Live2Dが対応しているカラーモードは「RGB」「8bit」、カラープロファイルは「sRGB」のみとなっています。イラストを描く際は、モードや形式に注意しましょう。

🔼 Live2Dは、2Dのキャラクターイラストに動きをつけることができるアプリです。

---

### Point » Live2Dには有料版と無料版がある

Live2Dには、有料版のPROと無料版のFREEがあります。両方ともモデリングを作成することは可能ですが、無料版には機能に制限があります。なお、PROの機能を数日間試すことができるトライアル版もあるので、まずは試しに触ってみることをおすすめします。

## 92 3DのVTuberに 必要なアプリを準備する

3DのVTuberキャラクターを動かすアプリを準備しましょう。ここでは、Animaze
を紹介します。

## Animazeとは

Animazeは、仮想のキャラクターにリアルタイムで表情や動きをつけたり、音声合
成をしたりすることができるソフトウェアです。VTuberや、アバターを使用したライ
ブ配信や動画制作などに使用されています。Animazeにはさまざまなアバターのテン
プレートが用意されており、自分でカスタマイズすることもできます。また、Twitch
やYouTube、Discordなどの配信プラットフォームとの連携も可能です。

なお、Animazeでは2Dのキャラクターも動かすことも可能ですが、2023年5月現在
では3Dのキャラクターを動かす機能のほうが充実しています。そのため、本書では3D
のキャラクターを動かすアプリとして紹介しています。

Animazeでは、3Dキャラクターを自分の動きに合わせて動かすことができます。

# Animazeをインストールする

Animazeをパソコンにインストールするには、SteamのWebサイトからインストーラーをダウンロードしてインストールします。

❶ SteamのAnimazeのページで、「Animaze by FaceRigを使用」の[無料]をクリックします。

**MEMO**

Animazeには日本語の公式Webサイトがないので、Steamからインストールします。

❷ Steamをすでにインストールしている場合は[はい、Steamはインストールされています]を、インストールされていない場合は[いいえ、Steamをインストールする必要があります]をクリックし、画面の指示に従ってインストールを行います。

## 93 3Dキャラクターを作成・合成する

Animazeのインストールが完了したら、VTuber用の3Dキャラクターを作成し、ライブ配信で映せるようにOBS Studioと合成します。

## Animazeで3Dキャラクターを用意する

Animazeを使って、3Dキャラクターを作成しましょう。

❶Animazeを起動し、[アバター]をクリックします。

❷一覧から、使いたいモデルを選択します。自分で作成したモデルを使いたい場合は、画面を下にスクロールして➕をクリックします。

❸[背景]をクリックします。

❹[Green screen]をクリックします。

### MEMO

背景を緑にすることで、クロマキー合成を行うことができます。クロマキーについて、詳しくはP.162を参照してください。

❺画面右のカメラの⋁をクリックします。

❻使用するカメラを選択します。

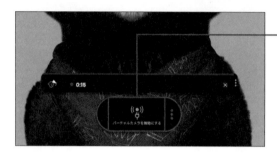

❼［バーチャルカメラを有効にする］をクリックします。

**MEMO**

バーチャルカメラを有効にしないと、OBS Studio側で動かすことができません。

## Animazeの3Dキャラクターを合成する

Animazeで3Dキャラクターの準備ができたら、OBS Studioで合成をしましょう。

❶OBS Studioを起動して、「ソース」の➕をクリックします。

❷[映像キャプチャデバイス]を
クリックします。

❸「デバイス」で[Animaze Virtual
Camera]をクリックして選択しま
す。

❹[OK]をクリックします。

❺OBS Studioに、Animazeの画面
が合成されます。

### MEMO

OBS Studioでのクロマキー合成
について、詳しくはP.162を参照
してください。

## 94 オリジナルの 3Dキャラクターを作成する

3DのVTuberキャラクターは、自作することも可能です。2Dとは違い、3Dの場合は作成から動きをつけるまでがアプリ1つで完結します。

## Blenderとは

　Blenderは、無料で利用できるの3Dモデリングソフトウェアです。初心者からプロフェッショナルまで幅広い層に利用されており、3Dモデリング、アニメーション、レンダリング、ビジュアルエフェクト、ビデオ編集などの機能を備えています。また、豊富なチュートリアルやコミュニティがあるため、学習や問題解決がしやすいのも特徴です。

◉ Blenderは3Dモデリングを行うことのできるアプリです。

# 3Dキャラクターに動きをつける

　Blenderを使用してVTuberのキャラクターを作成するには、最初に3Dモデルを作成します。次に、モデルをリグ付けして、キャラクターに動きをつけます。また、キャラクターにカメラを設定し、表情や動きをリアルタイムに反映するためのモーションキャプチャーを行います。VTuber用のモデルは、Blender市場などから購入することもできます。

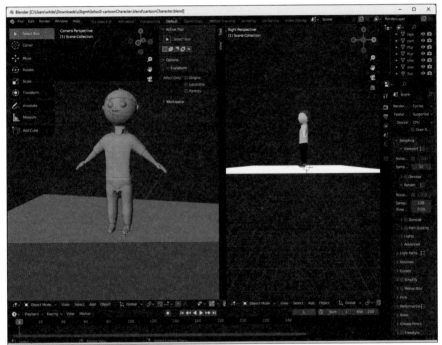

🔺 Blenderでは、上下左右の方向からキャラクターを見ながら作成することができ、動きや表情などのモーションをつけることが可能です。

# スマートフォン向けVTuberアプリ

VTuberを使ったライブ配信アプリには、スマートフォン向けのものもあります。アプリ上で自分のキャラクターを作成し、アバターを設定します。アバターの設定には、顔認識機能や音声認識機能が用意されており、スマートフォンのカメラやマイクを利用して、自分の動きや音声をアバターに反映することができます。

またアプリの中には、配信機能や動画録画機能が搭載されているものもあります。VTuberを始めるための初期費用は比較的低く、スマートフォンさえあれば始めることができます。しかし、スマートフォンでは高精度なモーションキャプチャーが難しいため、より本格的な配信には専用の機材が必要になる場合もあります。

## ● Mirrativ

Mirrativは、スマートフォンを使ってアバターを使ったライブ配信を行うことができるアプリです。ゲーム実況や手芸、料理など、さまざまなジャンルでの配信が可能です。また、視聴者からのコメントをリアルタイムで受け取ることができます。Mirrativは、スマートフォンだけでなく、タブレットやPCからも視聴可能で、録画もできます。無料で利用でき、配信者に報酬が支払われるシステムもあります。

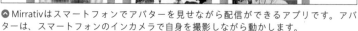

⌃ Mirrativはスマートフォンでアバターを見せながら配信ができるアプリです。アバターは、スマートフォンのインカメラで自身を撮影しながら動かします。

付録

ライブ配信Q&A
ライブ配信機材カタログ
ライブ配信用語集

# Q1 BGMはどうやって 探せばよいですか？

**A** YouTubeオーディオライブラリを使用すれば、YouTube内で使用する限りは無料で利用できます。

## YouTubeオーディオライブラリとは

　YouTubeオーディオライブラリは、YouTubeが提供する無料の音楽ライブラリです。このライブラリには、さまざまなジャンルの楽曲が登録されており、YouTuberや動画クリエイターにとって非常に便利なツールとなっています。

　YouTubeオーディオライブラリを使用することで、著作権フリーの音楽をダウンロードし、YouTube内の動画に限り、使用することができます。使用する際にはクレジット表記が必要な楽曲もあるため、利用規約を確認することが大切です。

　YouTubeオーディオライブラリは、利用者の需要に応えるために、新しい楽曲が随時追加されています。多種多様な音楽を探すことができ、自分の配信にぴったりの音楽を見つけることができます。

🔼 YouTubeオーディオライブラリでは、著作権フリーの音楽をダウンロードして使用できます。

**配信のタイトル・説明文・サムネイルは あとから変更できますか？**

 YouTubeライブ配信で予約設定した配信のタイトルなどは、あとから 変更することができます。

## あとからタイトルなどを変更できる

　最初に設定した配信のタイトルや説明文、サムネイルは、設定後に変更することが できます。変更方法は、YouTube Studioの「管理」画面で配信予約された配信、また は配信中の配信タイトルを選択し、[編集]をクリックして、「設定を編集」画面から変 更します。配信中の変更も可能です。

　なお、配信タイトルや説明文は「詳細」タブから、サムネイルは「カスタマイズ」タブ から変更できます。

　タイトルなどの変更は、「設定を編集」画面から行うことができます。

**Q3** 配信のURLは変更できますか？

 YouTubeライブ配信のURLは、一度設定するとあとから変更することはできません。

## URLは変更できない

YouTube LiveのURLは、一度設定すると変更できません。タイトルや説明文などの設定を変更してもURLは変わらないため、注意が必要です。

どうしてもURLを変更したいという場合は、設定した配信を一度削除して、新しく配信を作成する必要があります。

◆ ライブ配信のURLは、配信を作成した段階で決定します。

**フレームレートはいくつがよいですか？**

 一般的に、セミナーやトーク番組など動きの少ない配信は30fps、ゲーム実況やスポーツなど動きの激しい配信は60fpsに設定することが多いです。

## フレームレートとは

　フレームレートとは、1秒間に表示されるコマ数を表す値で、映像の滑らかさを示す指標です。ライブ配信でも、フレームレートは重要な要素の1つであり、より高いフレームレートで映像を配信することで、滑らかで自然な映像を提供することができます。反対にフレームレートが低いと、映像がカクカクした動きになり、配信品質が低下します。ただし、高いフレームレートは帯域幅を多く消費するため、インターネット接続環境によっては問題が発生する可能性があります。また高いフレームレートを実現するには、より高性能な機器が必要になる場合があります。配信環境や視聴者側の端末環境によっては、フレームレートの低下が発生することもあります。

　そのため、一律に高いフレームレートを設定すればよいというわけではなく、配信するコンテンツや視聴者のプラットフォームに合わせたフレームレート設定が必要です。YouTubeライブ配信におけるフレームレートの設定は、セミナーなどの動きの少ない配信では30fps、ゲーム実況やスポーツなどの配信では60fpsを目途に設定するとよいでしょう。

◀ OBS Studioの「設定」画面の「映像」タブで「FPS ○○値（○○には「共通」「整数」「分数」が入ります）」の項目から設定できます。

**4Kでの配信はできますか？**

 OBS Studioを利用すると、4Kでの配信が可能です。

## 4K配信について

　OBS Studioでは、4Kの配信も可能です。4K配信の場合は、1080配信に比べて必要な帯域が約4倍になるため、ハイスペックなPCやネットワーク回線が必要になります。下記の設定では、4K配信のビットレートをおおよその数値で入力しています。20000～70000Kbpsが目安といえるでしょう。

　なお、4K配信の場合はYouTubeの「超低遅延配信」を行うことはできないため、「低遅延」または「通常遅延」の配信を選択する必要があります。

 ❶OBS Studioの「設定」画面の[映像]タブで、「基本（キャンバス）解像度」と「出力（スケーリング）解像度」を最大にします。

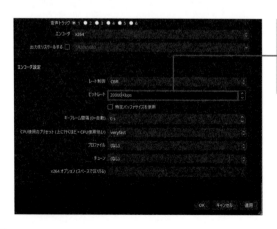 ❷OBS Studioの「設定」画面の[出力]タブで、「ビットレート」を設定します（ここでは例として「20000Kbps」）。

## 遅延はどれくらい発生しますか？

**A** ライブ配信では、数秒～数十秒の遅延が発生します。

## ライブ配信に遅延はつきもの

ライブ配信では、おおよそ数秒～数十秒の遅延が発生すると考えておきましょう。YouTubeの場合、通常遅延・低遅延・超低遅延の3つの設定があり、それぞれ30～40秒程度・8～10秒程度・3～5秒程度の遅延が発生します。

そもそもライブ配信における遅延とは、映像と音声が送信されるまでに発生する時間差のことを指します。遅延の度合いは配信サイトの設定によって変動するため、配信者は遅延を最小限に抑えるように努める必要があります。また、遅延が大きくなるほど視聴者がリアルタイムにコメントできなくなるため、視聴者とのコミュニケーションを重視する配信者にとっては、より短い遅延時間が求められます。遅延を最小限に抑えるためには、高速かつ安定したインターネット回線を使用し、パソコンのスペックに応じて配信ソフトウェアの設定を調整することが必要です。パソコンのスペック以上の高画質設定などを行うと、かえって遅延が大きくなる可能性があります。

| 遅延の種類 | 遅延する時間 |
|---|---|
| 通常遅延 | 30～40秒 |
| 低遅延 | 8～10秒 |
| 超低遅延 | 3～5秒 |

**何分前から配信を始めるのが よいですか？**

 5〜10分前から配信を開始するのがよいでしょう。

## 配信開始時間について

　YouTubeライブ配信を行う場合、配信前に一定時間の準備期間を確保することが重要です。YouTubeでは、最低でも30分以上前に配信開始の準備を始めることが推奨されています。これは、視聴者がライブ配信を発見し、通知を受け取る時間を確保することが目的でもあります。また、配信を開始する前に、配信設定やタイトル・説明の設定なども行っておくことが望ましいでしょう。配信開始前の準備をしっかりと行い、視聴者とのコミュニケーションを円滑に行うことが、良質なライブ配信の実現につながります。

　配信開始の準備ができたら、予約していた時間よりも5〜10分早めに開始するとよいでしょう。これは、時間ちょうどに開始してもトラブルが起きた際に対応ができないため、また、設定した時間まではサムネイルを表示させておくなどして入場時間を作っておき、開始予定時間からしっかりと開始できるようにするためでもあります。

**Q8** 映像がカクつきます

A OBS Studio上でもカクついている場合は、パソコンのスペックが足りていない可能性があります。パソコンの強化を検討しましょう。

## カクつきの原因

　YouTubeライブ配信で映像がカクつく原因には、配信環境や視聴者のインターネット環境など、さまざまな要因があります。配信環境の改善には、インターネット回線の速度やWi-Fiの電波状況を確認し、配信画面の解像度やビットレートを調整することが重要です。また、視聴者のインターネット環境についても注意が必要で、可能な限り安定した回線を使用するようにアドバイスします。

　また、パソコンのスペックが足りていないことが理由で、配信画面がOBS Studio上でもカクついてしまうことがあります。これは、設定しているビットレートやフレームレートにパソコンのスペックが追いついていないことが原因の可能性があります。その場合は画質を下げる必要が出てきてしまいます。どうしても高画質で配信したい場合は、パソコンのスペックを強化しましょう。

# 音が割れて歪んでしまいます

 インターフェイスへの入力やネットワークの遅延、OBS Studioの設定のいずれかで過入力になっている可能性があります。

## 音割れを防ぐには

　ライブ配信で音が割れる原因としては、ハードウェア的な問題やネットワークの遅延があります。また、OBS Studioの設定でマイクの音量が大きすぎる場合や、音声コーデックの設定が適切でない場合も、音が割れる原因となります。そのため、適切なマイクの設定や音声コーデックの選択が重要になります。

　また、ネットワークの遅延を減らすためには、回線速度の確保や適切な回線の選択が必要となります。最適な環境を整えることで、音割れを防止することができます。

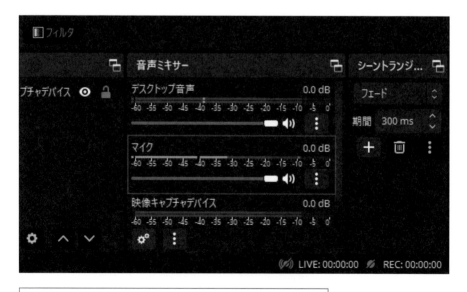

OBS Studioの「音声ミキサー」の「マイク」で、音量調節が可能です。

**カメラをキャプチャーデバイスに つないでいるのに映像を認識できません**

**A** キャプチャーデバイスが認識できる解像度・フレームレートを確認して、カメラの設定が間違っていないか確認しましょう。

## OBS Studioでデバイスが認識されない

OBS Studioでカメラが認識されない場合、いくつかの原因が考えられます。まずは、カメラの接続を確認しましょう。カメラが正しく接続されていない、またはドライバーが正しくインストールされていない場合、認識されないことがあります（P.278参照）。

次に、OBS Studioの設定を確認しましょう。OBS Studioの設定で、カメラの入力が有効になっているか、またカメラが正しく選択されているかを確認します。また、カメラが別のアプリケーションで使用中である場合、OBS Studioでは認識されないことがあります。この場合は、ほかのアプリケーションを終了させることで問題を解決できます。

ほかにも、使用しているカメラが認識できる解像度やフレームレート以上の設定を行っている可能性もあります。使用しているカメラの説明書などを再度確認し、認識可能な設定に直しましょう。

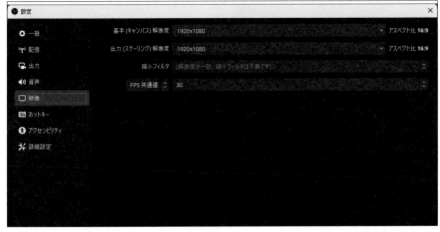

🔼 OBS Studioで解像度やフレームレートを必要以上に高くしていることも原因の1つと考えられます。

# Q11 キャプチャーデバイス、オーディオインターフェイスがパソコンで認識されません

機種によっては、ドライバーが必要になるものもあります。メーカーのサイトで確認しましょう。

## ドライバーのインストールとは

　機材のドライバーインストールとは、パソコンに機材を接続して使用する際に必要なソフトウェアをインストールすることを指します。このソフトウェア、すなわちドライバーは、機材とパソコンの間の通信を可能にし、正常な動作を保証します。ドライバーは、一般的にメーカーのウェブサイトからダウンロードできます。ドライバーのインストール方法は機材やパソコンの種類によって異なりますが、手順に従うことで比較的かんたんに行うことができます。

　なお、機材によっては、ドライバーのインストールが不要なものもあります。自分の機材がどちらなのか、よく確認しましょう。

⌃ オーディオインターフェイスの機材を販売している「Roland」のドライバー配布ページです。

# Q12 視聴者からのコメントは すべて読んだほうがよいですか？

**A** できる限り読んだほうが視聴者には喜ばれますが、すべてを読む必要はありません。

## コメントはすべて読まなくてよい

　ライブ配信をしていると、さまざまなコメントを視聴者からもらいます。視聴者が少ない内はコメントをすべて読んでも、配信に余裕があるかと思いますが、視聴者が増えるに従ってコメントも増えてくると、すべて読むことが難しくなってきます。その場合は、無理してすべてのコメントを読む必要はありません。また、コメントを選んで読むというよりは、目についたコメントを読むような形で進めるとよいでしょう。なお、誹謗中傷のようなコメントは、コメント数が少なくても読む必要はありません。

　なお、スーパーチャットのような有料のコメントを積極的に読むと、ほかの視聴者もスーパーチャットを利用し始める可能性があるので、収益につながります。

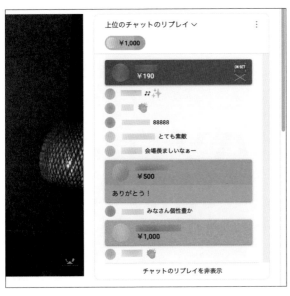

◀ さまざまなコメントがありますが、すべてを読む必要はないことを覚えておきましょう。

## Q13 新しい視聴者を 獲得できません

**A** サムネイルにこだわってみるとよいでしょう。

## サムネイル次第で視聴者数が大きく変わる

　P.64でライブ配信のサムネイルについて解説をしましたが、サムネイルにこだわることで視聴者数が大きく変わってくる場合があります。サムネイルが魅力的であれば、より多くの視聴者がライブ配信を見に来てくれます。

　サムネイルのコツは、視聴者の興味を惹きつけような魅力と配信テーマを伝える雰囲気をしっかり伝えることです。たとえば雑談を配信する場合は、かわいくてゆるいキャラクターのイラストをサムネにするとよいでしょう。ビジネスユースであれば、企業のイメージキャラクターを使うのも手です。ほかにも、文字のフォントや色使いによってサムネイルの雰囲気は大きく変わります。いろいろと試してみることをおすすめします。

⊙ わかりやすいサムネイルは視聴者の目につきやすく、クリックして来場してくれる可能性が高くなり、集客につながります。

# 海外の視聴者のために リアルタイム翻訳したい

 Google Chromeの自動字幕文字起こし機能を使うとよいでしょう。

## Google Chromeの自動字幕文字起こし機能とは

YouTubeでのライブ配信は世界で見ることができるため、海外の視聴者が外国語でコメントする光景をよく見かけます。つまり外国の方がライブ配信を見てくれているということです。そのため、日本語での配信では相手に伝わらない可能性があります。

そこで便利なのが、Google Chromeの自動字幕文字起こし機能です。これは、配信で喋った内容をそのまま英語の字幕として表示してくれる機能です。

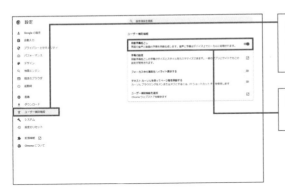

❶Google Chromeの「設定」画面を表示し、[ユーザー補助機能]をクリックします。

❷[自動文字起こし]をクリックしてオンにします。

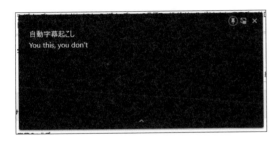

❸しばらくすると、自動文字起こしの画面が表示されます。この画面をOBS Studioのソースに追加して、配信画面に映します。

# ライブ配信機材カタログ

## ▌Webカメラ

ⓢ ロジクール Webカメラ C920n

> フルHD 1080P対応
> 自動フォーカス機能付き
> ステレオマイク内蔵
> 三脚取り付け可能
> ガラスレンズ

ⓢ Microsoft Lifecam Studio for Business

> 1080p30対応
> 広帯域マイク内蔵
> 自動フォーカス機能付き
> 360°回転

## ▌マイク

ⓢ オーディオテクニカコンデンサーマイクロホン AT2020

> 単一指向性により周囲の雑音を
> 抑制
> コンデンサータイプでありなが
> ら横や背面の収音を抑える
> 専用のスタンドマウント付属

### シュア ダイナミックマイク SM58

単一指向性により周囲の雑音を
抑制
ポップフィルター搭載
手に持って配信を行うことも可
能

## 照明

### VAGROOLEDリングライト 6.3インチ

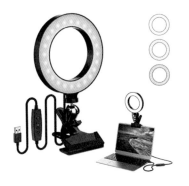

使いやすいUSB給電
3色モード
10段階調光機能
パソコンモニターの上に取り付
け可能

## ヘッドセット

### ロジクール G ゲーミングヘッドセット G933s

2.4GHzワイヤレスで接続
有線ではUSBと3.5mmで接続
マイクは単一指向性
ゲーミング用に開発されたが、
通常の配信でも使用OK
音質がかなりクリア

## ● Bluetooth

デバイスどうしを短距離で接続するための無線通信技術。データ転送にも利用されている。

## ● Google AdSense

Googleが提供する広告配信サービス。Webサイトやアプリに広告を掲載することで収益を得ることができる。

## ● Googleアカウント

Googleが提供するオンラインサービスを利用するために必要なアカウント。YouTubeでライブ配信する際にも必要。

## ● SNS

ソーシャル・ネットワーキング・サービスの略称。インターネットを介してユーザーどうしが情報を共有し、交流するためのサービス。

## ● VTuber

バーチャルユーチューバーの略称。キャラクターに扮し、YouTubeなどの動画配信サイトで活動するクリエイターのことを指す。

## ● YouTuber

YouTube上で動画を配信するクリエイターの総称。

## ● YouTubeチャンネル

YouTube上で動画を配信する個人や企業などのアカウントのこと。配信を行うにはチャンネルの作成が必要。

## ● アーカイブ

情報や記録を保存すること。ライブ配信では、配信後に動画として保存されたものを指す。

## ● インターフェイス

ソフトウェアとしてのインターフェイスは、ライブ配信で使われる画面上のボタンやアイコンのこと。視聴者がコメントしたり、リアクションを送ったりするための機能がある。ハードウェアとしてのインターフェイスは、コンピューターと周辺機器を接続するときの端子のことを指す。

## ● ウェビナー

インターネットを通じて行われるセミナーのこと。オンライン上で行われるビジネス向けのイベント形式の1つ。

## ● エンコーダ

ライブ配信において映像や音声を圧縮し、インターネット上での配信に最適な形式に変換する役割を担う装置またはソフトウェアのこと。

## ● エンドカード

ライブ配信の最後に表示される画面。配信者やSNSなどの情報を搭載することが多い。

## ● 回線速度

回線速度とは、通信におけるデータが伝わる速さのこと。回線速度の単位はbps（ビーピーエス）で、bits per secondの略称。これは1秒間に何ビットの情報を送れるのかを表している。ライブ配信における回線速度は、配信の品質に大きく

影響する。速度が遅いと、映像や音声が乱れたり途切れたりするため、速度の確保が重要。

● **解像度**

ライブ配信の画面の鮮明度のこと。一般的には、ピクセル数が多いほど鮮明で、高画質とされている。

● **キャプチャーボード**

ライブ配信で画面をキャプチャするための機材。ゲームやパソコンの画面を直接配信するために使用される。

● **クロマキー**

背景色を透過させる技術のこと。背景を緑にすることで透過させることが多い。

● **サムネイル**

ライブ配信におけるサムネイルは、配信前やアーカイブ保存後に表示される画像のこと。視聴者に配信内容の概要を示すことが多い。

● **シーン**

ライブ配信におけるシーンとは、配信中に表示される画面のセットのこと。複数のシーンを切り替えることで、ライブ配信の進行をスムーズに行うことができる。

● **ストリームキー**

ライブ配信を行うための専用のキー。配信サービスに登録したアカウント情報や配信先の情報を識別するために使用される。

● **ソース**

視聴者に見せる配信の画面のこと。OBS Stuidioではソースを追加することで、カメラ映像やパソコンの画面、静止画などを配信に映すことができる。

● **遅延**

ライブ映像や音声が送信されてから受信されるまでの時間差のこと。「ラグ」や「タイムラグ」とも呼ばれる。

● **テロップ**

映像や画面上に文字を表示して情報を伝える手法のこと。ライブ配信でも多用されている。

● **トランジション**

ライブ配信においてシーン間をスムーズにつなぐために用いられる、画面の切り替え効果のこと。

● **ビットレート**

データ量を測る単位であり、映像の画質や音声のクオリティを決定する要素の

1つ。

● **フィルター**

ライブ配信で使われる映像加工機能のこと。色調や明るさ、コントラストなどを調整して、より美しい映像を提供する役割を持つ。

● **フレームレート**

映像の秒間表示コマ数を表す値。ライブ配信においては、映像のスムーズさを左右する重要な指標の1つ。

● **ミキサー**

ライブ配信などで音声や映像などの信号を混ぜ合わせるための機器。複数の入力から1つの出力を生成することができる。なお、ビデオミキサーの場合はスイッチャーとも呼ばれている。

● **ワイプ**

ライブ配信において、映像の上に別の映像を重ねて映し出すこと。